普通高等院校“十三五”规划教材

Computer

大学计算机

——计算思维与程序设计

DAXUE JISUANJI

JISUAN SIWEI YU CHENGXU SHEJI

◇主　编　孙宝刚　杨芳权

◇副主编　江渝川　谢　翌　秦晓江

重庆大学出版社

图书在版编目(CIP)数据

大学计算机：计算思维与程序设计 / 孙宝刚,杨芳权主编. -- 重庆：重庆大学出版社,2020.1(2021.1 重印)
ISBN 978-7-5689-1946-3

Ⅰ.①大… Ⅱ.①孙… ②杨… Ⅲ.①电子计算机—高等学校—教材 Ⅳ.①TP3

中国版本图书馆 CIP 数据核字(2019)第 280328 号

大学计算机
——计算思维与程序设计

主 编 孙宝刚 杨芳权
副主编 江渝川 谢 翌 秦晓江
责任编辑:章 可 版式设计:章 可
责任校对:杨育彪 责任印制:赵 晟

*

重庆大学出版社出版发行
出版人:饶帮华
社址:重庆市沙坪坝区大学城西路 21 号
邮编:401331
电话:(023) 88617190 88617185(中小学)
传真:(023) 88617186 88617166
网址:http://www.cqup.com.cn
邮箱:fxk@cqup.com.cn(营销中心)
全国新华书店经销
重庆魏承印务有限公司印刷

*

开本:787mm×1092mm 1/16 印张:9.25 字数:193千
2020 年 1 月第 1 版 2021 年 1 月第 2 次印刷
ISBN 978-7-5689-1946-3 定价:28.00 元

前言

PREFACE

随着科学技术的飞速发展，新概念和新技术不断涌现，“云计算”“物联网”“大数据”开始出现在人们的生活中，标志着当今社会已经步入了一个飞速发展的信息时代。同时，“互联网+”概念的提出更是将计算机应用和各行各业紧密地结合在一起。这就要求人们具有计算思维的能力，于是计算思维成为计算机基础教学的重要内容。编者根据教育部高等学校计算机基础课程教学指导委员会发布的《关于进一步加强高等学校计算机基础教学的意见暨计算机基础课程教学基本要求》和《高等学校非计算机专业计算机基础课程教学基本要求》，结合《中国高等院校计算机基础教育课程体系》报告，编写了本书。

本书以数据处理过程为主线，介绍其构建原理、基本应用和蕴含的计算思维。全书分为基础、方法和深入学习 3 部分，其中，基础部分包括第 1—3 章，主要解析程序的两个基因——数据组织和数据处理，为方法的构建奠定基础；方法部分为第 4 章，主要解析目前主流的程序设计基本方法的构建原理及各种支持机制；深入学习部分为第 5 章，主要解析两种程序设计基本方法的具体运用。深入学习部分可细分为面向过程中代码的封装和面向对象中数据与操作的封装，深入学习部分又可进一步细化为基于演绎思维和基于归纳思维的两个层次，实现知识和方法的学习到实际应用的思维平滑过渡和迁移。

本书可作为高等院校学生计算机基础知识的深化内容来教授。本书兼顾了不同专业、不同层次学生的需求，加强了对程序思维方式的训练，可使学生利用计算机解决问题的能力得到提高。

本书由重庆人文科技学院孙宝刚、杨芳权担任主编，重庆人文科技学院江渝川、谢翌、秦晓江担任副主编，孙宝刚确定了总体方案并制订了编写大纲、目录，负责统稿和定稿工作，杨芳权参与了初稿的全部审阅工作。各章编写分工如下：第 1 章由谢翌编写，第 2 章由秦晓江编写，第 3 章由孙宝刚编写，第 4 章由杨芳权编写，第 5 章由江渝川编写。感谢重庆人文科技学院任淑艳、邱红艳、田鸿等多位一线教师为本书的编写提供的宝贵建议和支持。

由于计算机科学技术的快速发展，书中难免存在不足之处，恳请广大读者批评、指正。

编　者

2019 年 9 月

目录

CONTENTS

第1章　信息与计算思维

信息的奠基人香农认为，信息是用来消除随机不确定性的东西。

1.1　信息的概念

信息，指音讯、消息、通信系统传输和处理的对象，泛指人类社会传播的一切内容。人通过获得、识别自然界和社会的不同信息来区别不同事物，得以认识和改造世界。在一切通信和控制系统中，信息是一种普遍联系的形式。

信息量，指从 n 个相等可能事件中选出一个事件所需要的信息度量或含量，也就是在辨识 n 个事件中特定的一个事件的过程中所需要提问“是”或“否”的最少次数。

1.2　计算机中信息的表示

1.2.1　进制的基本概念

进制即表示数值的方法，它是指用一组固定的数字和一套统一的规则来表示数目的方法。在计算机进制中，需要掌握数码、基数和位权的概念。

- 数码：进制中表示基本数值大小的不同数字符号。在一种进制中，只能使用一组固定的符号来表示数的大小。例如，十进制有10个数码，分别为0,1,2,3,4,5,6,7,8,9。十六进制有16个数码，分别为0,1,2,3,4,5,6,7,8,9,A,B,C,D,E,F。
- 基数：一种进制所使用数码的个数。例如，十进制的基数为10，十六进制的基数为16。
- 位权：一个数值中某一位上的1所表示数值的大小。例如，十进制的123，1的位权是 10^2，2的位权是 10^1，3的位权是 10^0。

进制对应的数码、基数、位权见表1.1。

表 1.1　进制对应的数码、基数、位权

进制	数码	基数	位权
二进制	0,1	2	2^i
八进制	0,1,2,3,4,5,6,7	8	8^i
十进制	0,1,2,3,4,5,6,7,8,9	10	10^i
十六进制	0,1,2,3,4,5,6,7,8,9,A,B,C,D,E,F	16	16^i

1.2.2　进制表示

在计算机内部存储、处理和传递的信息均采用二进制代码来表示，二进制的基数为 2，只有“0”和“1”两个数码。

除二进制外，计算机中常用的还有八进制和十六进制。

对于不同的进制，常采用以下两种书写方式：

- 在数字后面加一个大写字母作为后缀，表示该数字采用的进制（见表 1.2）；
- 在括号外面加下标（见表 1.2）。

表 1.2　计算机中常见进制的表示

进制	后缀	表示方法 1	表示方法 2	进位规则
二进制	B(Binary)	111011B	$(111011)_2$	逢二进一
八进制	O(Octonary)	215O	$(215)_8$	逢八进一
十进制	D(Decimal)	7255D	$(7255)_{10}$	逢十进一
十六进制	H(Hexadecimal)	1456ABFH	$(1456ABF)_{16}$	逢十六进一

1.2.3　不同进制之间的转换

1.R 进制数转换为十进制数

R 进制数转换为十进制数，只要将各位数字乘以各自的位权求和即可。

转换规则：采用 R 进制数的位权展开法，即将 R 进制数按“位权”展开形成多项式并求和，得到的结果就是转换结果。例如：

$$(1101)_2 = 1\times2^3+1\times2^2+0\times2^1+1\times2^0 = 13$$

$$(732)_8 = 7\times8^2+3\times8^1+2\times8^0 = 474$$

$$(1F04)_{16} = 1\times16^3+15\times16^2+0\times16^1+4\times16^0 = 7940$$

2.十进制数转换为 R 进制数

转换规则:整数部分(倒读法)采用“逐次除以基数取余”法,直到商为 0。

例如:$(15)_{10}$转换成二进制数(见表 1.3)。

表 1.3　计算机中常见进制的转换

被除数	除数	商	余数	输出
15	2	7	1	↑
7	2	3	1	
3	2	1	1	
1	2	0	1	

因此,$(15)_{10}$转换成二进制数是$(1111)_2$。

3.二进制数、八进制数、十六进制数间的相互转换

(1)二进制数与八进制数的转换

- 二进制数转八进制数

1 位八进制数相当于 3 位二进制数,二进制数转换成八进制数的转换规则:“三位并一位”。例如:

$$(10010110)_2=(226)_8$$

- 八进制数转二进制数

八进制数转换成二进制数的转换规则:“一位拆三位”。把 1 位八进制数写成对应的 3 位二进制数,然后连接起来即可。例如:

$$(2304)_8=(10011000100)_2$$

(2)二进制数与十六进制数的转换

- 二进制数转十六进制数

1 位十六进制数相当于 4 位二进制数,二进制数转换成十六进制数的转换规则:“四位并一位”。例如:

$$(10010110)_2=(96)_{16}$$

- 十六进制数转二进制数

十六进制数转换成二进制数的转换规则:“一位拆四位”。把 1 位十六进制数写成对应的 4 位二进制数,然后连接起来即可。例如:

$$(AOE)_{16}=(101000001110)_2$$

(3)其他非十进制数之间的转换

不满足以上几种情况的两个非十进制数之间的转换,可以先把要转换的数值转换成对应的二进制数,然后再将二进制数转换成对应数制的数值。

1.2.4 计算机采用二进制编码

计算机采用二进制编码的原因：

①容易表示，电压高低、开关的接通与断开都可以用“0”和“1”来表示。

②节省设备，状态简单，抗干扰力强，可靠性高。

③易于和不同数制进行转换，计算机进行处理的同时不影响人们使用十进制。

1.2.5 ASCII码

在ASCII码中，规定一个字符用7位二进制编码，最高位为0。

ASCII共有128种编码，用来表示128个不同的字符，部分编码见表1.4。

表1.4 ASCII编码简表

编号	编码	字符表示
0~31	000 0000~001 1111	各种控制字符
32	010 0000	空格
48~57	011 0000~011 1001	0~9
65~90	100 0001~101 1010	A~Z
97~122	110 0000~111 1010	a~z

1.2.6 汉字编码

1.汉字输入码

常见的有智能ABC、五笔字型码、搜狗输入法等。

2.汉字机内码

汉字机内码，又称“汉字ASCII码”，简称“内码”，指计算机内部存储、处理加工和传输汉字时所用的由“0”和“1”组成的代码。输入码被计算机接受后就由汉字处理系统的“输入码转换模块”转换为机内码，与所采用的键盘输入法无关。

因为汉字处理系统要保证中西文的兼容，当系统中同时存在ASCII码和汉字国标码时，将会产生二义性。例如，有两个字节的内容为30H和21H，它既可表示汉字“啊”的国标码，又可表示西文“0”和“!”的ASCII码。为此，汉字机内码应对国标码加以适当处理和变换。

国标码的机内码为两字节长的代码，它是在相应国标码的每个字节最高位上加“1”，即

汉字机内码=汉字国标码+8080H

例如,上述“啊”字的国标码是 3021H,其汉字机内码则是 B0A1H。

汉字机内码的基础是汉字国标码。

汉字机内码、国标码和区位码三者之间的关系为:区位码(十进制)的两个字节分别转换为十六进制后加 2020H 得到对应的国标码;机内码是汉字交换码(国标码)两个字节的最高位分别加 1,即汉字交换码(国标码)的两个字节分别加 80H 得到对应的机内码;区位码(十进制)的两个字节分别转换为十六进制后加 A0H 得到对应的机内码。

例如,机内码为 BEDF,求区位码。

有两种方法:

①BEDFH-A0A0H=1E3FH=3063D。

②BEDFH-8080H=3E5FH(国标码),3E5FH-2020H=1E3FH=3063D。

常见的机内码有 GB 码、GBK 码、BIG-5 码等。

3.字形码

字形码是点阵代码的一种。为了将汉字在显示器或打印机上输出,把汉字按图形符号设计成点阵图,就得到了相应的点阵代码。

用于显示的字库称为显示字库。显示一个汉字一般采用 16×16 点阵或 24×24 点阵或 48×48 点阵。已知汉字点阵的大小,可以计算出存储一个汉字所需占用的字节空间。

例如,用 16×16 点阵表示一个汉字,就是将每个汉字用 16 行,每行用 16 个点来表示,一个点需要 1 位二进制代码,16 个点需用 16 位二进制代码(即两个字节),共 16 行,所以需要 16 行×2 字节/行=32 字节,即 16×16 点阵表示一个汉字,字形码需用 32 字节。即

$$字节数=点阵行数\times点阵列数/8$$

用于打印的字库称为打印字库,其中的汉字比显示字库中的汉字多,而且工作时也不像显示字库需调入内存。

全部汉字字形码的集合称为汉字字库。汉字字库可分为软字库和硬字库。软字库以文件的形式存放在硬盘上,现多用这种方式;硬字库则将字库固化在一个单独的存储芯片中,再和其他必要的器件组成接口卡,插接在计算机上,通常称为汉卡。

可以这样理解,为在计算机内表示汉字而采用统一的编码方式形成的汉字编码为内码,内码是唯一的。为方便汉字输入而形成的汉字编码为输入码,属于汉字的外码,输入码因编码方式不同而不同,可以有多种。为显示和打印输出汉字而形成的汉字编码为字形码,计算机通过汉字内码在字模库中找出汉字的字形码,实现转换。

1.3 计算机与计算

1.3.1 计算机硬件与计算的概念

1.计算机硬件的基本结构

计算机硬件的基本结构如图 1.1 所示。

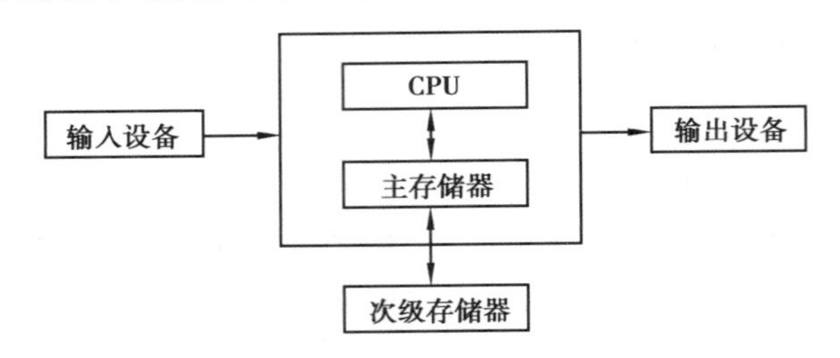

图 1.1 计算机硬件的基本结构

- CPU(中央处理器):计算机的计算部件,能够执行机器指令。

按次序排列并交给计算机逐条执行的指令序列称为程序(Program)。为了用计算机解决问题,把问题的解法表达成一个指令序列(即程序)的过程,称为程序设计或编程。

- 存储器:计算机的记忆部件,用于存储数据和程序。

存储器分为主存储器和次级存储器,它们是用不同的物理材料制造的。

现代计算机都采用冯·诺伊曼体系结构,其特点是:数据和程序都存储在主存储器中,CPU 通过访问主存储器来取得待执行的指令和待处理的数据。

- 输入/输出设备:输入设备和输出设备提供了人与计算机进行交互的手段。

2.计算的概念

针对一个问题,设计出解决问题的程序,并由计算机来执行这个程序,这就是计算。

1.3.2 计算机语言

1.机器语言

机器语言采用二进制代码,即所有指令都是由 0 和 1 组成的二进制序列。

2.汇编语言

汇编语言本质上是将机器指令用更加容易为人们所理解和记忆的“助忆符”形式表现出来。

为了使计算机理解汇编语言程序,需要用一种称为汇编器的程序把汇编语言程序翻译成机器语言程序。

汇编语言的缺点：

①学习和使用困难，开发效率低。

②可移植性差。

3.高级语言

高级语言相对于机器语言和汇编语言具有很多优点：

①高级语言吸收了人们熟悉的自然语言（英语）和数学语言的某些成分，因而非常易学、易用、易读。

②高级语言在构造形式和意义方面具有严格定义，从而避免了语言的歧义性。

③高级语言与计算机硬件没有关系，用高级语言写的程序可以移植到各种计算机上执行。

4.编译和解释

高级语言的翻译有两种方式：编译和解释。

编译器将高级语言程序（称为源代码）完整地翻译成机器语言程序（称为目标代码）。以编译方式处理源代码，对目标代码可以进行很多细致的优化，从而使程序的执行速度更快，如图1.2所示。

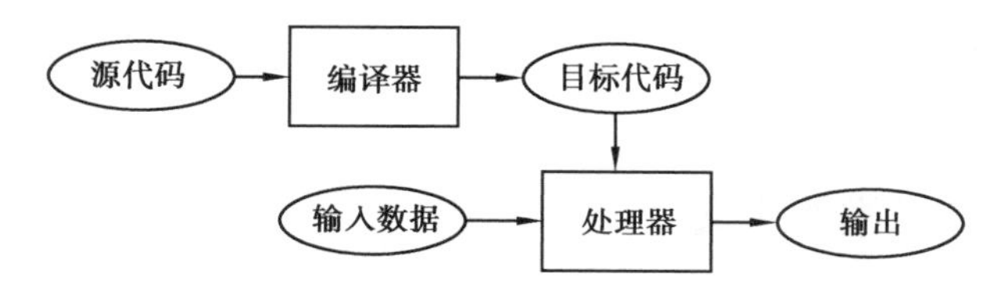

图1.2　高级语言的编译

解释器直接分析并执行高级语言程序。解释的特点是“见招拆招”，对源代码总是临机进行解释和执行。解释性语言具有更灵活的编程环境，可以交互式地输入程序语句并立即执行，程序员面对的仿佛是一台能听懂高级语言的计算机，如图1.3所示。

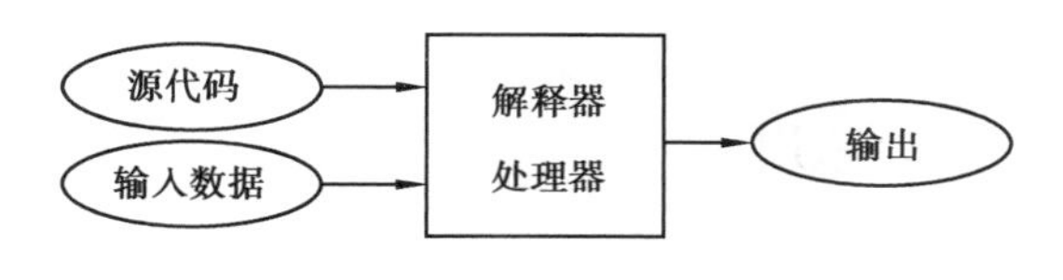

图1.3　高级语言的解释

1.3.3　算法

解决特定问题的一系列明确可行的步骤称为算法。算法表达了解决问题的核心步骤，反映的是程序解题的逻辑。

例如：求两个自然数的最大公约数。

输入：自然数a、b。

输出:a、b 的最大公约数。

步骤:

①令 r 为 a/b 所得的余数。

②若 r=0,则算法结束,b 即为答案;否则置 a←b,b←r,转到第①步。

对算法的两个要求:

①每个步骤必须具备明确的可操作性。

②构成算法的所有步骤必须能在有限时间内完成。

1.3.4 实现

给定一个问题,当找到解决问题的算法后,就需要用某种计算机语言将这个算法表示出来,最终得到一个能被计算机执行的程序(或代码),这个过程称为实现,或者俗称为写代码。

严格地说,算法和程序是不同的:算法是用非形式化方式表述的解决问题的过程;程序则是用形式化编程语言表述的精确代码。

1.4 计算思维

1.4.1 计算思维的定义

计算思维是运用计算机科学的基础概念进行问题求解、系统设计及人类行为理解等涵盖计算机科学之广度的一系列思维活动。

1.4.2 计算思维的基本原则

基本原则:既要充分利用计算机的计算和存储能力,又不能超出计算机的能力范围。

1.4.3 计算思维的运用

1.问题表示

抽象是用于问题表示的重要思维工具。计算机科学中的抽象包括数据抽象和控制抽象,简言之就是将现实世界中的各种数量关系、空间关系、逻辑关系和处理过程等表示成计算机世界中的数据结构和控制结构,或者说建立实际问题的计算模型。

2.算法设计

算法设计是计算思维大显身手的领域,计算机科学家采用多种思维方式和方法来发现有效的算法。

3.编程实现

编程实现是指借助计算机来达到某一目的或解决某个问题的过程,需使用某种程序设计语言编写程序代码,并最终得到结果。

1.4.4 计算思维的实践方式——Python 程序设计

本书后续章节将计算思维融入 Python 程序设计的教学中,使学生理解计算思维的理念,学会运用计算思维的方法去发现问题,然后寻找解决问题的途径,最终解决问题。通过 Python 程序设计的学习,达到培养学生计算思维的能力、提高学生解决问题的能力和创新能力的目的,为程序设计课程探索一条新的教学途径。

【课后习题】

1.选择题

(1)在下列不同进制的数据中,最小数值是(　　)。

A.$(1100111)_2$　　B.$(256)_{10}$　　C.$(512)_8$　　D.$(F1)_{16}$

(2)下列4个数中最大的是(　　)。

A.$(9E)_{16}$　　B.$(155)_{10}$　　C.$(10011100)_2$　　D.$(235)_8$

(3)二进制数101110.11转换为等值的八进制数是(　　)。

A.45.3　　B.56.6　　C.67.3　　D.76.6

(4)英文字符“D”的ASCII码用二进制表示为01000100,英文字符“H”的ASCII码用二进制表示为(　　)。

A.11111111　　B.01001000　　C.10001000　　D.00100100

(5)已知英文字符“G”的ASCII码用十进制表示为71,则英文字符“J”的ASCII码用二进制表示为(　　)

A.01001010　　B.01101001　　C.01000010　　D.00100011

(6)在下列数据中,有可能是八进制数的是(　　)。

A.408　　B.677　　C.659　　D.802

(7)以下4个数未标明属于哪个进制,但可以断定不是八进制数的是(　　)。

A.128　　B.255　　C.477　　D.100

(8)将十六进制数21.04H转换成二进制数是(　　)。

A.101010.01　　B.1000001.00001

C.10010.0001　　D.100001.000001

(9)对下列不同进制的数据,按照数值从小到大的顺序排列,正确的是(　　)。

A.$(313)_{10}<(100111010)_2<(473)_8<(13C)_{16}$

B.$(100111010)_2<(473)_8<(313)_{10}<(13C)_{16}$

C.$(473)_8<(100111010)_2<(313)_{10}<(13C)_{16}$

D.$(13C)_{16}<(100111010)_2<(473)_8<(313)_{10}$

(10)十进制数 100 转换成二进制数是(　　)。

A.01100100　　B.01100101

C.01100110　　D.01101000

(11)与二进制数 101.01011 等值的十六进制数是(　　)。

A.A.B　　B.5.51　　C.A.51　　D.5.58

(12)$(2004)_{10}+(32)_{16}$的结果是(　　)。

A.$(2036)_{10}$　　B.$(2054)_{16}$　　C.$(4006)_{10}$

D.$(100000000110)_2$　　E.$(2036)_{16}$

(13)与十进制数 2006 等值的十六进制数是(　　)。

A.7D6　　B.6D7　　C.3726

D.6273　　E.7136

(14)与十进制数 2003 等值的二进制数是(　　)。

A.11111010011　　B.10000011　　C.110000111

D.0100000111　　E.1111010011

(15)十进制数 1000 转换成二进制数是(　　)。

A.1111101010　　B.1111101000

C.1111101100　　D.1111101110

(16)十进制数 1000 转换成十六进制数是(　　)。

A.3C8　　B.3D8　　C.3E8　　D.3F8

(17)二进制数 1000001 转换成十进制数是(　　)。

A.62　　B.63　　C.64　　D.65

(18)二进制数 100.001 可以表示为(　　)。

A.2^3+2-3　　B.2^2+2-2　　C.2^3+2-2　　D.2^2+2-3

(19)八进制数 100 转换成十进制数是(　　)。

A.80　　B.72　　C.64　　D.56

(20)十六进制数 100 转换成十进制数是(　　)。

A.160　　B.180　　C.230　　D.256

(21)与十六进制数 FFF.CH 等值的十进制数是(　　)。

A.4096.3　　B.4096.25　　C.4096.75　　D.4095.75

(22)2005 年可以表示为(　　)年。

A.7C5H　　B.6C5H　　C.7D5H　　D.5D5H

(23)$(3730)_8$ 年是指(　　)年。

A.$(2000)_{10}$　　B.$(2002)_{10}$　　C.$(2006)_{10}$　　D.$(2008)_{10}$

2.简答题

(1)计算机的主要功能部件有哪些?

(2)简述机器语言、汇编语言和高级语言的定义。

(3)简述高级语言的编译和解释的工作过程。

(4)什么是计算思维?计算思维的基本原则是什么?

(5)简述进制和位权的定义。

第 2 章　数据表示现实世界

计算机涉及两样东西:信息和对信息的处理过程。

计算机程序要做两件事:

①用特定数据类型和数据结构将信息表示出来。

②用控制结构将信息处理的过程表示出来。

2.1　数　据

2.1.1　数据是对现实的抽象

在计算机领域,将现实世界中的事实或信息用编程语言提供的符号化手段进行表示,这种符号化表示称为数据,如图 2.1 所示。

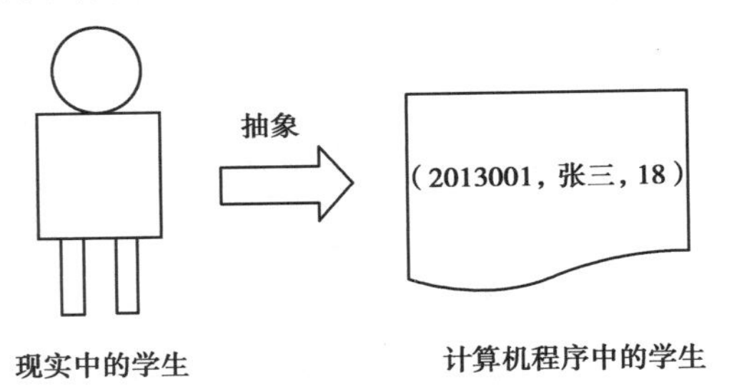

图 2.1　数据表示现实对象

为了用计算机解决一个问题,必须先对该问题进行抽象,定义问题在计算机中的数据表示。数据表示的选择,必须根据将对数据施加的操作来考虑,以便将来能够方便、高效地处理数据。

数据表示现实世界的具体应用,如 Python。Python 的主要特点如下:

①Python 语言最重要的设计理念是追求高度的可读性。

②Python 语言同时支持过程式、面向对象式和函数式等多种编程范型,拥有丰富的标准库来支持应用开发所需的各种功能。

Python 是一门弱类型语言,弱类型包含两方面的含义:

①所有的变量无须声明即可使用,或者说对从未用过的变量赋值就是声明了该变量。

②变量的数据类型可以随时改变,同一个变量可以先是数值型,后又成为字符串型。

2.1.2 常量与变量

无论使用哪种语言编程,其最终目的都是对数据进行处理。在编程过程中,为了更加方便地处理数据,通常会将数据存储在变量中。

形象地看,变量就像一个个小容器,用于“盛装”程序中的数据。除了变量,还有常量,它也能用来“盛装”数据,它们的区别是,常量一旦保存某个数据之后,该数据就不能发生改变,但变量保存的数据则可以多次发生改变,只要程序对变量重新赋值即可。

Python 使用等号(=)作为赋值运算符。例如,a=20 就是一条赋值语句,这条语句用于将 20 装入变量 a 中,这个过程就称为赋值,即将 20 赋值给变量 a。

注意:变量名其实就是标识符,因此在命名时,既要遵守 Python 标识符的命名规范,还要避免和 Python 内置函数以及 Python 的保留字重名。

对于没有编程基础的初学者,可先打开 Python 的交互式解释器,在这个交互式解释器中“试验” Python。首先,在 Python 的解释器中输入以下内容:

```
>>> a=5
>>>
```

上面的代码没有生成任何输出,只是向交互式解释器中存入了一个变量 a,该变量 a 的值为 5。

如果想看到某个变量的值,可以直接在交互式解释器中输入该变量。例如,此处想看到变量 a 的值,可以直接输入 a。

```
>>> a
5
>>>
```

可以看到,Python 解释器输出变量 a 的值为 5。

接下来尝试改变变量 a 的值,将新的值赋给变量 a。

```
>>>a='Hello, 风清扬'
>>>
```

这会导致变量原来的值被新值覆盖掉,换句话说,此时变量 a 的值就不再是 5 了,而是字符串“Hello, 风清扬”,a 的类型也变成了字符串类型。现在再输入 a,让交互式解释器显示 a 的值。

```
>>> a
'Hello, 风清扬'
```

如果想查看此时 a 的类型,可以使用 Python 的 type( )内置函数。

```
>>> type(a)
<class 'str'>
>>>
```

可以看到 a 的类型是 str(字符串类型)。

所有编程语言都提供两种指明数据的方式:①直接用具体值表示数据,这种数据是不会改变的常量;②将数据存储在一个变量中,以后用该变量来指代数据。

变量只是一个“助记符”,必须用具体数据赋值后才有意义。赋值语句的语法形式是:

<变量>=<表达式>

Python 首先对表达式进行求值,然后将结果存储到变量中。如果表达式无法求值,则赋值语句出错。

2.1.3 print( )函数的用法

使用 print( ) 函数时,一般只输出一个变量,但实际上 print( ) 函数完全可以同时输出多个变量,而且它具有更多丰富的功能。

print( ) 函数的详细语法格式如下:

```
print (value,...,sep='',end='\n',file=sys.stdout,flush=False)
```

从上面的语法格式可以看出,value 参数可以接受任意多个变量或值,因此 print( ) 函数完全可以输出多个值。例如:

```
user_name='风清扬'
user_age=8
#同时输出多个变量和字符串
print("读者名:",user_name,"年龄:",user_age)
```

运行上面的代码,可以看到如下输出结果:

```
读者名:风清扬
年龄:8
```

从输出结果来看,使用 print( ) 函数输出多个变量时,print( ) 函数默认以空格隔开多个变量,如果用户希望改变默认的分隔符,可通过 sep 参数进行设置。例如:

```
#同时输出多个变量和字符串,指定分隔符
print("读者名:",user_name,"年龄:",user_age,sep='|')
```

运行上面的代码,可以看到如下输出结果:

```
读者名:|风清扬|年龄:|8
```

在默认情况下,print( ) 函数输出之后总会换行,这是因为 print( ) 函数的 end 参数的默认值是“\n”,这个“\n”就代表了换行。如果希望 print( ) 函数输出之后不会换行，则重设 end 参数即可。例如：

```
#设置 end 参数，指定输出之后不再换行
print(40,'\t',end="")
print(50,'\t',end="")
print(60,'\t',end="")
```

上面 3 条 print( ) 语句会执行 3 次输出，但由于它们都指定了 end=""，因此每条 print( ) 语句的输出都不会换行，仍然位于同一行。运行上面的代码，可以看到如下输出结果：

```
40	50	60
```

file 参数指定 print( ) 函数的输出目标，file 参数的默认值为 sys.stdout，该默认值代表了系统标准输出，也就是屏幕，因此 print( ) 函数默认输出到屏幕。实际上，完全可以通过改变该参数让 print( ) 函数输出到特定文件中。例如：

```
f=open("demo.txt","w")#打开文件以便写入
print('白日依山尽',file=f)
print('黄河入海流',file=f)
f.close( )
```

在上面的代码中，open( ) 函数用于打开“demo.txt”文件，接下来的两个 print( )函数会将这两段字符串依次写入此文件，最后调用 close( ) 函数关闭文件。

print( ) 函数的 flush 参数用于控制输出缓存，该参数一般保持为 False 即可，这样可以获得较好的性能。

2.2 数据类型

为了更精细、更准确地表示现实世界的信息，编程语言提供了多种数据类型(Data Type)来区分不同种类的数据。

每一种数据类型由两部分构成：全体合法的值(Value)以及对这种值能执行的各种操作(Operation，或称运算)。

2.2.1 动态类型

将一个数据存入变量，实际上是存入该变量所标识的内存单元；而访问一个变量，是访问该变量所标识的内存单元中的数据。

绝大多数编程语言中对变量的使用有严格的类型限制，一个变量固定作为某内存单元的标识，并且该单元只能存储特定类型的数据。

在 Python 中，变量并不是某个固定内存单元的标识，也就不需要预先定义变量的类型。Python 变量只是对内存中存储的某个数据的引用，这个引用是可以动

态改变的,如图 2.2 所示。

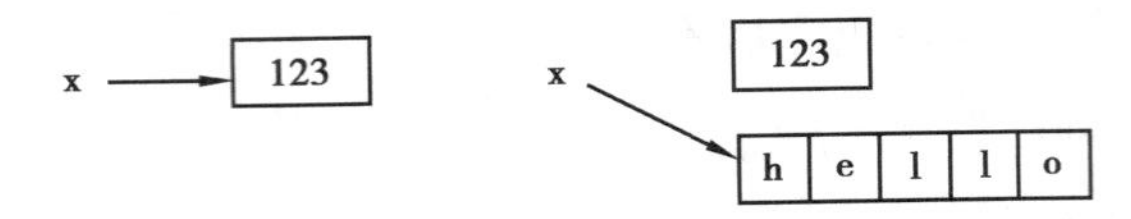

图 2.2 变量的动态变化

变量改为指向另一个数据时,原数据就变成了无人使用的“垃圾数据”(除非还有别的变量引用它),Python 会回收垃圾数据的存储单元,以便提供给别的数据使用,这称为垃圾回收。

2.2.2 数值类型

1.整型

整型专门用来表示整数,即没有小数部分的数。在 Python 中,整数包括正整数、0 和负整数。例如:

```
#定义变量 a,赋值为 56
a=56
print(a)
#为 a 赋值一个大整数
a=9999999999999999999999
print(a)
#type( )函数用于返回变量的类型
print(type (a))
```

在上面的代码中,将 9999999999999999999999 赋值给变量 a,Python 也不会发生溢出等问题,程序运行正常,这足以证明 Python 的强大。

除此之外,Python 的整型还支持 None 值(空值)。代码如下:

```
a=None
print(a) #什么都不输出
```

整型数值常见的表示形式:

- 十进制形式:最普通的整数就是十进制形式的整数,在使用十进制表示整数值时,不能以 0 作为十进制数的开头(数值是 0 除外)。
- 二进制形式:由 0 和 1 组成,以 0b 或 0B 开头。例如,101 对应的十进制数是 5。
- 八进制形式:八进制整数由 0~7 组成,以 0o 或 0O 开头(第一个字母是零,第二个字母是小写或大写的 O)。需要注意的是:在 Python 2.x 中,八进制数值还可以直接以 0(零)开头。
- 十六进制形式:由 0~9 以及 A~F(或 a~f)组成,以 0x 或 0X 开头,为了提高数值(包括浮点型)的可读性,Python 3.x 允许为数值(包括浮点型)增加下画线作为分隔符。这些下画线并不会影响数值本身。例如:

```
#在数值中使用下画线
one_million=1000000
print(one_million)
price=234_234_234 #price 实际的值为 234234234
android=1234_1234 #android 实际的值为 12341234
```

整数运算符见表2.1。

表2.1 整数运算符

运算符	含义
+	加
-	减
*	乘
/	除
**	乘方
%	取余数
abs()	取绝对值

赋值与运算结合见表2.2。

表2.2 赋值与运算结合

普通形式	简写形式
x=x + y	x += y
x=x - y	x -= y
x=x * y	x *= y
x=x / y	x /= y
x=x % y	x %= y

2.浮点型

浮点型数值用于保存带小数点的数值,Python 的浮点数有两种表示形式:

- 十进制形式:常见的简单浮点数,如5.12、512.0、0.512。浮点数必须包含一个小数点,否则会被当成整数类型处理。

- 科学计数形式：如 5.12e2（即 5.12×10^2）、5.12E2（也是 5.12×10^2）。

必须指出的是，只有浮点型数值才可以使用科学计数形式表示。例如，51200是一个整型数值，但 512E2 则是浮点型数值。例如：

```
af1=5.2345556
#输出 af1 的值
print("af1 的值为:",af1)
af2=25.2345
print("af2 的类型为:",type(af2))
f1=5.12e2
print("f1 的值为:",f1)
f2=5e3
print("f2 的值为:",f2)
print("f2 的类型为:",type(f2))#看到类型为 float
```

2.2.3 数学库模块 math

所谓的“库”其实是开发环境提供的 Python 专业模块，其中定义了很多有用的函数，应用程序可以使用库中的函数。

import 语句导入整个数学库模块，代码如下：

```
>>>import  math
>>>math.sqrt(9)
3.0
```

math.sqrt( )表示调用模块 math 中的 sqrt 函数。

from xxx import xxx 语句导入某个数学库的某个函数，代码如下：

```
>>>from math import sqrt
>>>sqrt(9)
3.0
```

from xxx import * 语句的代码如下：

```
>>>from  math import  *
>>>sqrt(9)
3.0
```

math 库中定义的一些数学函数和常数见表 2.3。

表2.3　math库的常用函数

Python	含义
pi	常数π(近似值)
e	常数e(近似值)
sin(x)	正弦函数
cos(x)	余弦函数
tan(x)	正切函数
asin(x)	反正弦函数
acos(x)	反余弦函数
atan(x)	反正切函数
log(x)	自然对数(以e为底)
log10(x)	常数对数(以10为底)
exp(x)	指数函数 e^x
ceil(x)	大于等于x的最小整数
floor(x)	小于等于x的最大整数

2.2.4　字符串类型

字符是计算机中表示信息的最小符号,常见的大小写字母、阿拉伯数字、标点符号等都是字符。

字符串是由字符组成的序列,在程序中作为被处理的数据。

1.字符串类型的表示形式

在Python中,字符串必须用引号括起来,其表示形式有4种:

- 用单引号括起来的字符串。
- 用双引号括起来的字符串。
- 用3个单引号括起来的字符串。
- 用3个双引号括起来的字符串。

用单引号或双引号括起来的字符串必须在一行内表示,是程序设计中最常用的形式。用3个单引号或3个双引号括起来的字符串是可以多行的,主要用于一个特殊用法——文档字符串。

2.两种字符串

简单地理解,字符串就是“一串字符”,也就是用引号包裹的任何数据,例如,

“Hello,风清扬”是一个字符串,“12345”也是一个字符串。

字符串中的内容几乎可以包含任何字符(包括英文字符和中文字符)。

注意: Python 3.x 对中文字符支持较好,但 Python 2.x 则要求在源程序中增加“#coding:utf-8”才能支持中文字符。

字符串是用单引号括起来,还是用双引号括起来,在 Python 语言中,没有任何区别。

(1)长字符串

在 Python 中可以使用 3 个引号(单引号、双引号都行)来包含多行注释内容,其实这是长字符串的写法,只是由于在长字符串中可以放置任何内容,包括单引号、双引号,如果所定义的长字符串没有赋值给任何变量,那么这个字符串就相当于被解释器忽略了,也就相当于注释掉了。

实际上,使用 3 个引号括起来的长字符串完全可以赋值给变量。例如:

```
s='''"Let's go fishing", said Mary.
"OK, Let's go", said her brother.
they walked to a lake'''
print(s)
```

上面的代码使用 3 个引号定义了长字符串,该长字符串中既可包含单引号,也可包含双引号。

当程序中有大段文本内容要定义成字符串时,优先推荐使用长字符串形式,因为这种形式非常强大,可以让字符串包含任何内容。

(2)原始字符串

由于字符串中的反斜线都有特殊的作用,因此当字符串中包含反斜线时,就需要使用转义字符 \ 对字符串中包含的每个“\”进行转义。

例如,要写一个关于 Windows 路径(如 G:\publish\codes\02\2.4)的字符串,在 Python 程序中直接这样写肯定是不行的,需要使用 \,对字符串中每个“\”进行转义,即写成 G:\\publish\\codes\\02\\2.4 才行。

如果原始字符串中包含引号,程序同样需要对引号进行转义(否则 Python 同样无法对字符串的引号精确配对),但此时用于转义的反斜线会变成字符串的一部分。

3.字符串类型的操作

字符串是字符序列,每个字符在序列中的位置都由一个从 0 开始的整数编号指定,这个编号称为位置索引。

访问字符串内容的一般形式是:<字符串>[<数值表达式>]

Python 还支持从后往前的索引方式,索引-1 代表倒数第一个位置。

Python 也支持通过索引操作来访问字符串的子串,方法是指定字符串的一个

索引区间,这种操作也称为切分,切分操作的一般形式是:<字符串>[开始位置:结束位置],不含结束位置。例如:

```
>>>s="Good morning!"
>>>s[0]
'G'
>>>s[12]
'!'
>>>i=1
>>>s[i+1]
'o'
>>>s[0:3]
'Goo'
```

除了索引操作,字符串类型还支持字符串的合并(+)、复制(*)、子串测试(in)操作,并提供一个求字符串长度的内建函数len()。例如:

```
>>>"Good"+"Bye"
'GoodBye'
>>>2*"Bye"
'ByeBye'
```

Python中字符串类型的值不能修改,str类型的数据不支持对其成员的赋值。字符串常见操作见表2.4。

表2.4 字符串常见操作

字符串操作	含义
[ ]	索引操作
[:]	切分操作
+	合并字符串
*	复制字符串
len(<字符串>)	求字符串长度
<字符串1>in<字符串2>	子串测试

4.字符串类型与其他类型的转换

函数eval()接收一个字符串,并将该字符串解释成Python表达式进行求值,最终得到特定类型的结果值。例如:

```
>>>s=eval("3.14")
```

```
>>>type(s)
<type 'float'>
>>>s
3.14
>>>eval("1+2*3/4%5")
2.5
```

将其他类型的值转换成字符串类型,可以使用str( )函数。例如:

```
>>>str("123")
123
>>>a=123.4
>>>print str(a)+"567"
123.4567
```

5.字符串中常用的函数

(1)capitalize( )函数

capitalize( )函数的主要功能是实现字符串首字母大写,其他字母小写。例如:

```
>>>str1="oldboy"
>>>print(str1.capitalize( ))
```

输出结果:

```
Oldboy
```

(2)swapcase( )函数

swapcase( )函数的主要功能是实现字符串中字母大小写互换。例如:

```
>>>str1="Oldboy"
>>>print(str1.swapcase( ))
```

输出结果:

```
oLDBOY
```

(3)title( )函数

title( )函数的主要功能是实现字符串非字母隔开的部分,首字母大写,其余字母小写。例如:

```
>>>str1="Old boy edu com"
>>>print(str1.title( ))
```

输出结果:

```
Old Boy Edu Com
```

(4)upper( )函数

upper( )函数的主要功能是实现字符串中所有字母大写。例如:

```
>>>str1 = "Oldboyedu"
>>>print(str1.upper())
```

输出结果：

```
OLDBOYEDU
```

(5) lower( )函数

lower( ) 函数的主要功能是实现字符串中所有字母小写。例如：

```
>>>str1 = "oLDBOYEDU"
>>>print(str1.lower())
```

输出结果：

```
oldboyedu
```

(6) count( )函数

count( )函数的主要功能是统计元素在字符串中出现的次数。例如：

```
>>>str1 = "oldboyedu"
>>>print(str1.count('o'))        #统计字符 o 在字符串中出现的次数
```

输出结果：

```
2
```

(7) find( )函数

find( )函数的主要功能是通过元素找索引，可以整体找，可以切片，找不到则返回“-1”。例如：

```
>>>str1 = "Oldboyedu"
>>>print(str1.find('b'))
>>>print(str1.find('A'))
```

输出结果：

```
3    -1
```

(8) index( )函数

index( )函数的主要功能是通过元素找索引，可以整体找，可以切片，找不到会报错。例如：

```
>>>str1 = "Oldboyedu"
>>>print(str1.index("b"))
>>>print(str1.index("A"))
```

输出结果：

```
0
Traceback (most recent call last):
File "<stdin>", line 1, in <module>
ValueError: substring not found
```

(9) startswith(obj)函数

startswith(obj)函数的主要功能是检查字符串是否以 obj 开头,是则返回 True,否则返回 False。例如:

```
>>>str1 = "Oldboyedu"
>>>print(str1.startswith("O"))
```

输出结果:

```
True
```

(10) endswith(edu)函数

endswith(edu)函数的主要功能是检查字符串是否以 edu 结尾,是则返回 True,否则返回 False。例如:

```
>>>str1 = "Oldboyedu"
>>>print(str1.endswith("edu"))
```

输出结果:

```
True
```

(11) strip( )函数

strip( )函数的主要功能是去除字符串前后两端的空格或其他字符、换行符、Tab 键等。例如:

```
>>>str1 = "***Oldboy***"
>>>print(str1.strip("*"))                #去除两边的*
>>>print(str1.lstrip("*"))               #去除左边的*
>>>print(str1.rstrip("*"))               #去除右边的*
```

输出结果:

```
Oldboy
Oldboy***
***Oldboy
```

(12) replace(oldstr,newstr)函数

replace(oldstr, newstr)函数的主要功能是替换字符串。例如:

```
>>>str1 = "Oldboyedu"
>>>print(str1.replace("boy","man"))
```

输出结果:

```
Oldmanedu
```

(13) isalpha( )函数

isalpha( )函数的主要功能是要判断字符串是否只由字母组成,是则返回 Ture,否则返回 False。例如:

```
>>>str1 = "Oldboyedu"
>>>str2 = "Old boy edu"
```

```
>>>print(str1.isalpha())
>>>print(str2.isalpha())
```

输出结果：

True　False

(14) isdigit()函数

isdigit()函数的主要功能是判断字符串是否只由数字组成，是则返回 Ture，否则返回 False。例如：

```
>>>str1 = "Oldboyedu"
>>>str2 = "520"
>>>print(str1.isdigit())
>>>print(str2.isdigit())
```

输出结果：

False　True

(15) format()函数

format()函数的主要功能是格式化字符串。

①按位置传参，例如：

```
>>>str1 = '我叫{}，今年{}岁'.format('oldboy',30)
>>>print(str1)
```

输出结果：

我叫 oldboy，今年 30 岁

②按索引传参，例如：

```
>>>str1 = '我叫{0}，今年{1}岁'.format('oldboy',30)
>>>print(str1)
```

输出结果：

我叫 oldboy，今年 30 岁

③按 key 传参，例如：

```
>>>str1 = '我叫{name}，今年{age}岁'.format(age=30,name='oldboy')
>>>print(str1)
```

输出结果：

我叫 oldboy，今年 30 岁

2.2.5 布尔类型

Python 提供了布尔类型来表示真(对)或假(错)，如常见的 5>3 比较算式，这个是正确的，在程序的世界里称为真，Python 使用 True 来代表；再如 4>20 比较算式，这个是错误的，在程序的世界里称为假，Python 使用 False 来代表。

注意：True 和 False 是 Python 中的关键字，当作为 Python 代码输入时，一定要注意字母的大小写,否则解释器会报错。

值得一提的是,布尔类型可以当作整数来对待,即 True 相当于整数值 1,False 相当于整数值 0。因此,下面这些运算都是可以的:

```
>>> False+1
1
>>> True+1
2
```

注意:这里只是为了说明 True 和 Flase 对应的整型值,在实际应用中是不妥的,不要这么使用。

总的来说,布尔类型就是用于代表某个事情的真或假,如果这个事情是真的,用 True(或 1)代表;如果这个事情是假的,用 False(或 0)代表。例如:

```
>>> 5>3
True
>>> 4>20
False
```

在 Python 中,所有的对象都可以进行真假值的测试,包括字符串、元组、列表、字典、对象等。

2.3 关系运算

在 Python 中,字符串是按所谓的字典序进行比较的,即基于字母顺序的比较,字母顺序又是根据 ASCII 编码顺序确定的。这样,所有大写字母都排在任何小写字母之前,而同为大写或同为小写字母的两个字母之间按字母表顺序排列。关系运算符功能描述见表 2.5。

表 2.5 关系运算符功能描述

运算符	描 述
= =	等于:比较对象是否相等
! =	不等于:比较对象是否不相等
>	大于:返回 x 是否大于 y
<	小于:返回 x 是否小于 y。所有比较运算符返回 1 表示真,返回 0 表示假。这分别与特殊的变量 True 和 False 等价。注意这些变量名的大写
>=	大于等于:返回 x 是否大于等于 y
<=	小于等于:返回 x 是否小于等于 y

2.4 逻辑运算

Python 语言支持的逻辑运算符有 3 个:and、or 和 not。在 Python 中,逻辑运算符的优先级次序是 not>and>or。

2.5 布尔代数运算定律

a and False ⇔ False

a and True ⇔ a

a or False ⇔ a

a or True ⇔ a

a or (b and c) ⇔ (a or b) and (a or c)

a and (b or c) ⇔ (a and b) or (a and c)

not (not a) ⇔ a

not (a or b) ⇔ (not a) and (not b)

not (a and b) ⇔ (not a) or (not b)

2.6 Python 中真假的表示与计算

- a and b:如果 a 的值可解释为 False,则返回 a 的值;否则返回 b 的值。
- a or b:如果 a 的值可解释为 False,则返回 b 的值;否则返回 a 的值。
- not a:如果 a 的值可解释为 False,则返回 True;否则返回 False。

2.7 input( )函数:获取用户输入的字符串

input( ) 函数用于向用户生成一条提示,然后获取用户输入的内容。由于 input( ) 函数总会将用户输入的内容放入字符串中,因此用户可以输入任何内容。例如:

```
msg=input("请输入你的值:")
print (type(msg))
print(msg)
```

第一次运行该程序,如果输入一个整数,运行过程如下:

```
请输入你的值:2
<class 'str'>
```

2

第二次运行该程序,如果输入一个浮点数,运行过程如下:

请输入你的值: 1.2

<class ' str '>

1.2

第三次运行该程序,如果输入一个字符串,运行过程如下:

请输入你的值:Hello

<class ' str '>

Hello

从上面的运行过程可以看出,无论输入哪种内容,始终可以看到 input( ) 函数返回字符串,程序总会将用户输入的内容转换成字符串。

注意: Python 2.x 提供了一个 raw_input( ) 函数,该 raw_input( ) 函数就相当于 Python 3.x 中的 input( ) 函数。

2.8 格式化字符串

Python 提供了"%"对各种类型的数据进行格式化输出,例如:

```
price = 108
print ("the book ' s price is %s" % price)
```

上面代码中的 print( )函数包含 3 个部分:第一部分是格式化字符串(相当于字符串模板),该格式化字符串中包含一个"%s"占位符,它会被第三部分的变量或表达式的值代替。第二部分固定使用"%"作为分隔符。格式化字符串中的"%s"被称为转换说明符(Conversion Specifier),其作用相当于一个占位符,它会被后面的变量或表达式的值代替。"%s"指定将变量或值使用 str( ) 函数转换为字符串。如果格式化字符串中包含了多个"%s"占位符,第三部分也应该对应地提供多个变量,并且使用圆括号将这些变量括起来。例如:

```
user = "Charli"
age = 8
# 格式化字符串有两个占位符,第三部分提供两个变量
print("%s is a %s years old boy" % (user, age))
```

Python 提供了表 2.6 所示的转换说明符。

表 2.6 Python 的转换说明符

转换说明符	说明
%d,%i	转换为带符号的十进制形式的整数
%o	转换为带符号的八进制形式的整数
%x,%X	转换为带符号的十六进制形式的整数
%e	转化为科学计数法表示的浮点数(e 小写)
%E	转化为科学计数法表示的浮点数(E 大写)
%f,%F	转化为十进制形式的浮点数
%g	智能选择使用 %f 或 %e 格式
%G	智能选择使用 %F 或 %E 格式
%c	格式化字符及其 ASCII 码
%r	使用 repr( ) 将变量或表达式转换为字符串
%s	使用 str( ) 将变量或表达式转换为字符串

当使用转换说明符时,可指定转换后的最小宽度。例如:

```
num=-28
print("num is: %6i" % num)
print("num is: %6d" % num)
print("num is: %6o" % num)
print("num is: %6x" % num)
print("num is: %6X" % num)
print("num is: %6s" % num)
```

运行上面的代码,可以看到如下输出结果:

```
num is:    -28
num is:    -28
num is:    -34
num is:    -1c
num is:    -1C
num is:    -28
```

从上面的输出结果可以看出,此时指定了字符串的最小宽度为 6,因此程序转换数值时总宽度为 6,程序自动在数值前面补充了 3 个空格。

在默认情况下,转换出来的字符串总是右对齐的,不够宽度时左边补充空格。

Python 也允许在最小宽度之前添加一个标志来改变这种情况，Python 支持如下标志：

-：指定左对齐。

+：表示数值总要带符号（正数带“+”，负数带“-”）。

0：表示不补充空格，而是补充 0。

提示：这 3 个标志可以同时存在。

例如：

```
num2=30
# 最小宽度为 0，左边补 0
print("num2 is: %06d" % num2)
# 最小宽度为 6，左边补 0，总带上符号
print("num2 is: %+06d" % num2)
# 最小宽度为 6，右对齐
print("num2 is: %-6d" % num2)
```

运行上面的代码，可以看到如下输出结果：

```
num2 is: 000030
num2 is: +00030
num2 is: 30
```

对于转换浮点数，Python 允许通过标志指定小数点后的数字位数；如果转换的是字符串，Python 允许通过标志指定转换后的字符串的最大字符数。这类标志被称为精度值，该精度值被放在最小宽度之后，中间用点（.）隔开。例如：

```
my_value=3.001415926535
# 最小宽度为 8，小数点后保留 3 位
print("my_value is: %8.3f" % my_value)
# 最小宽度为 8，小数点后保留 3 位，左边补 0
print("my_value is: %08.3f" % my_value)
# 最小宽度为 8，小数点后保留 3 位，左边补 0，始终带符号
print("my_value is: %+08.3f" % my_value)
the_name="风清扬"
# 只保留 3 个字符
print("the name is: %.3s" % the_name) # 输出 Cha
# 只保留 2 个字符，最小宽度为 10
print("the name is: %10.2s" % the_name)
```

运行上面的代码，可以看到如下输出结果：

```
my_value is:    3.001
```

```
my_value is: 0003.001
my_value is: +003.001
the name is: 风清扬
the name is:          风清
```

2.9 转义字符及用法

在前面的章节中，曾经简单学习过转义字符，所谓转义，可以理解为“采用某些方式暂时取消该字符本来的含义”，这里的“某种方式”是指在指定字符前添加反斜杠(\)，以此来表示对该字符进行转义。

举个例子，在 Python 中单引号(或双引号)是有特殊作用的，它们常作为字符(或字符串)的标识(只要数据用引号括起来，就认定这是字符或字符串)，而如果字符串中包含引号(如 'I'm a coder')，为了避免解释器将字符串中的引号误认为是包围字符串的“结束”引号，就需要对字符串中的单引号进行转义，使其在此处取消它本身具有的含义，告诉解释器这就是一个普通字符。

因此这里需要使用单引号(')的转义字符 \'，尽管它由 2 个字符组成，但通常将它看作一个整体。我们已经见过很多类似的转义字符，包括 \'、\"、\\ 等。

Python 不只有以上几个转义字符，Python 中常用的转义字符见表 2.7。

表 2.7 Python 支持的转义字符

转义字符	说　明
\	在行尾的续行符，即一行未完，转到下一行继续写
\'	单引号
\"	双引号
\0	空
\n	换行符
\r	回车符
\t	水平制表符，用于横向跳到下一制表位
\a	响铃
\b	退格(Backspace)
\\	反斜线
\0dd	八进制数，dd 代表字符，如 \012 代表换行
\xhh	十六进制数，hh 代表字符，如 \x0a 代表换行

掌握了上面的转义字符之后,下面在字符串中使用它们。例如:

```
s=' Hello\n 风清扬\nGood\nMorning '
print(s)
```

运行上面的代码,可以看到如下输出结果:

```
Hello
风清扬
Good
Morning
```

也可以使用制表符进行分隔。例如:

```
s2='商品名\t\t 单价\t\t 数量\t\t 总价'
s3=' C 语言深度开发\t99\t\t2\t\t198 '
print(s2)
print (s3)
```

运行上面的代码,可以看到如下输出结果:

```
商品名              单价        数量          总价
C 语言深度开发      99          2             198
```

2.10 类型转换

虽然 Python 是弱类型编程语言,不需要像 Java 或 C 语言那样在使用变量前声明变量的类型,但在一些特定场景中,仍然需要用到类型转换。

例如,想通过使用 print( ) 函数输出信息“您的身高:”以及浮点类型 height 的值,如果在交互式解释器中执行如下代码:

```
>>> height=70.0
>>> print("您的身高"+height)
Traceback (most recent call last):
File "<pyshell#1>", line 1, in <module>
print("您的身高"+height)
TypeError: must be str, not float
```

解释器会提示用户字符串和浮点类型变量不能直接相连,需要提前将浮点类型变量 height 转换为字符串才行。

Python 已经为用户提供了多种可实现数据类型转换的函数(见表 2.8)。

表 2.8　常用数据类型转换函数

函　数	作　用
int(x)	将 x 转换成整数
float(x)	将 x 转换成浮点数
complex(real,[,imag])	创建一个复数
str(x)	将 x 转换为字符串
repr(x)	将 x 转换为表达式字符串
eval(str)	计算在字符串中的有效 Python 表达式,并返回一个对象
chr(x)	将一个整数 x 转换为一个字符
ord(x)	将一个字符 x 转换为对应的整数值
hex(x)	将一个整数 x 转换为一个十六进制的字符串
oct(x)	将一个整数 x 转换为一个八进制的字符串

例如:

```
>>> int("123") #转换成功
123
>>> int("123 个") #转换失败
Traceback (most recent call last):
File "<pyshell#3>", line 1, in <module>
int("123 个")
ValueError: invalid literal for int() with base 10: '123 个'
>>>
```

【课后习题】

1.简答题

(1)什么是数据?什么是数据类型?

(2)Python 中有哪些数值类型?对数值类型能执行哪些运算?

(3)Python 中的字符串有哪些表示方式?对字符串类型能执行什么运算?

(4)Python 中的布尔类型提供了哪两个值?对布尔类型数据能执行什么运算?

2.编程题

(1)利用 Python 语言计算以下表达式。如果出错,找出原因。

①4.0/10.0 + 3.52

② 10%4+6/2

③ abs(4-20/3) * *3

④ sqrt(4.5-5.0)+73

⑤ 3 * 10/3 + 10%3

⑥ 3L * *3

(2)将下列数学式用 Python 表达式表示出来。假设已通过 import math 导入了数学库。

①(a+b)×c

②n(n-1)/2

③2πr

④$\sqrt{r(\cos a)2+r(\sin a)2}$

⑤(y2-y1)/(x2-x1)

第 3 章　数据集合的存储与处理

简单数据一般指单个数据，并且没有内部结构，不可分割。复杂数据正相反，可在两方面呈现复杂性：一是数量多，二是有内部结构。对于大量数据，可以用集合体数据类型来表示；对于数据的内部结构，可以利用面向对象中的类来刻画。

3.1　序　列

序列，指的是一块可存放多个值的连续内存空间，这些值按一定顺序排列，可通过每个值所在位置的编号（称为索引）访问它们。为了更形象地认识序列，可以将它看作一家旅店，那么店中的每个房间就如同序列存储数据的各个内存空间，每个房间所特有的房间号就相当于索引值。也就是说，通过房间号（索引）用户可以找到这家旅店（序列）中的每个房间（内存空间）。

在 Python 中，序列类型包括字符串、列表、元组、集合和字典，这些序列支持以下几种通用的操作，但比较特殊的是，集合和字典不支持索引、切片、相加和相乘操作。

注意：字符串也是一种常见的序列，它也可以直接通过索引访问字符串内的字符。

1.序列索引

在序列中，每个元素都有属于自己的编号（索引）。从起始元素开始，索引值从 0 开始递增，如图 3.1 所示。

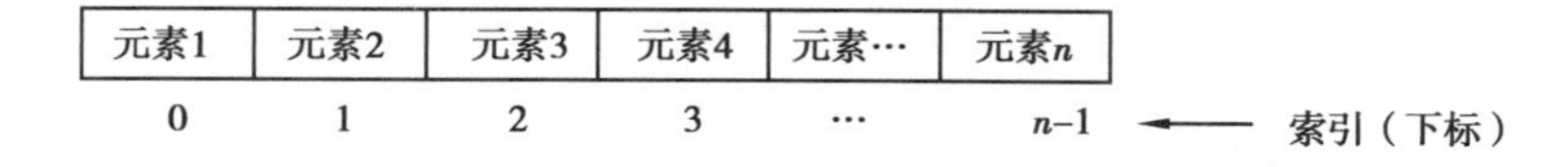

图 3.1　序列索引值示意图

除此之外，Python 还支持索引值是负数，此类索引是从右向左计数，换句话说，从最后一个元素开始计数，从索引值 -1 开始，如图 3.2 所示。

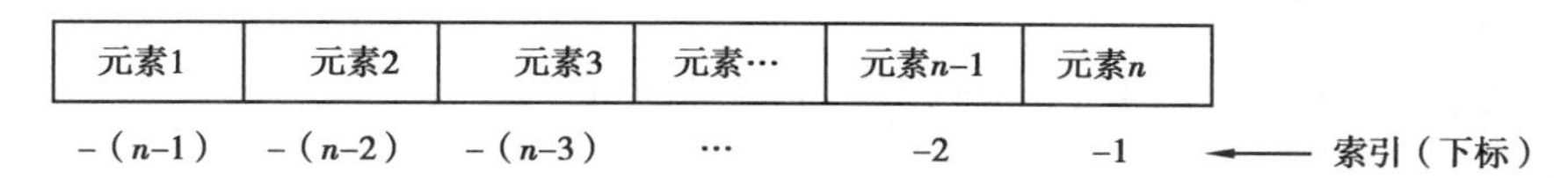

图 3.2　负值索引示意图

注意:在使用负值作为列序中各元素的索引值时,是从 -1 开始,而不是从 0 开始。

无论是采用正索引值,还是负索引值,都可以访问序列中的任何元素。以字符串为例,访问“C 语言程序设计”的首元素和尾元素,代码如下:

```
str="C 语言程序设计"
print(str[0],"==",str[-7])
print(str[6],"==",str[-1])
```

输出结果为:

```
C == C
计== 计
```

2.序列切片

切片操作是访问序列中元素的另一种方法,它可以访问一定范围内的元素,通过切片操作,可以生成一个新的序列。

序列实现切片操作的语法格式如下:

```
sname[start : end : step]
```

其中,sname:表示序列的名称。

start:表示切片的开始索引位置(包括该位置),此参数也可以不指定,会默认为 0,也就是从序列的开头进行切片。

end:表示切片的结束索引位置(不包括该位置),如果不指定,则默认为序列的结尾。

step:表示在切片过程中,隔几个存储位置(包含当前位置)取一次元素。也就是说,如果 step 的值大于 1,则在进行切片取序列元素时,会“跳跃式”地取元素。如果省略设置 step 的值,则最后一个冒号就可以省略。

例如,对字符串“C 语言程序设计”进行切片,代码如下:

```
str="C 语言程序设计"
#取索引区间为[0,2](不包括索引 2 处的字符)的字符串
print(str[:2])
#隔一个字符取一个字符,区间是整个字符串
print(str[::2])
#取整个字符串,此时 [] 中只需一个冒号即可
print(str[:])
```

输出结果为:

C 语
C 言序计
C 语言程序设计

3.序列相加

在 Python 中,支持两种类型相同的序列使用"+"运算符做相加操作,它会将两个序列进行连接,但不会去除重复的元素。

注意:这里所说的"类型相同",指的是"+"运算符的两侧要么都是序列类型,要么都是元组类型,要么都是字符串。

例如,用"+"运算符连接两个(甚至多个)字符串,代码如下:

```
str=" c.chengxu.net"
print(" C 语言" +" 程序设计:" +str)
```

输出结果为:

```
C 语言程序设计:c.chengxu.net
```

4.序列相乘

在 Python 中,使用数字 n 乘以一个序列会生成新的序列,其内容为原来序列被重复输出 n 次的结果。例如:

```
str=" C 语言程序设计"
print(str * 3)
```

输出结果为:

```
' C 语言程序设计 C 语言程序设计 C 语言程序设计'
```

比较特殊的是:列表类型在进行乘法运算时,还可以实现初始化指定长度列表的功能。例如,创建一个长度为 5 的列表,列表中的每个元素都是 None,表示什么都没有,代码如下:

```
#列表的创建用 [ ],后续讲解列表时会详细介绍
list = [None] * 5
print(list)
```

输出结果为:

```
[None, None, None, None, None]
```

5.检查元素是否包含在序列中

在 Python 中,可以使用 in 关键字检查某元素是否为序列的成员,其语法格式为:

value in sequence

其中,value:表示要检查的元素;

sequence:表示指定的序列。

例如,检查字符"c"是否包含在字符串"c.chengxu.net"中,代码如下:

```
str = "c.chengxu.net"
print('c' in str)
```

输出结果为:

```
True
```

not in 和 in 的用法相同,但功能恰好相反,not in 关键字用于检查某个元素是否不包含在指定的序列中,代码如下:

```
str = "c.chengxu.net"
print('c' not in str)
```

输出结果为:

```
False
```

6.序列相关的内置函数

Python 提供了几个内置函数(见表 3.1),可用于实现与序列相关的一些常用操作。

表 3.1 与序列相关的内置函数

函 数	功 能
len()	计算序列的长度,即返回序列中包含多少个元素
max()	找出序列中的最大元素
min()	找出序列中的最小元素
list()	将序列转换为列表
str()	将序列转换为字符串
sum()	计算元素和
sorted()	对元素进行排序
reversed()	使序列中的元素反向排列
enumerate()	将序列组合为一个索引序列,多用在 for 循环中

例如：

```
str = "c.chengxu.net"
#找出最大的字符
print(max(str))
#找出最小的字符
print(min(str))
#对字符串中的元素进行排序
print(sorted(str))
```

输出结果为：

```
x
.
['.', '.', 'c', 'c', 'e', 'e', 'g', 'h', 'n', 'n', 't', 'u', 'x']
```

序列常见的基本操作见表3.2。

表3.2 序列常见的基本操作

方　法	含　义
s1 + s2	序列s1和s2连接成一个序列
s * n或n * s	序列s复制n次,即n个s联接
s[i]	序列s中索引为i的成员
s[i:j]	序列s中索引从i到j的子序列
s[i:j:k]	序列s中索引从i到j间隔为k的子序列
len(s)	序列s的长度
min(s)	序列s中的最小数据项
max(s)	序列s中的最大数据项
x in s	检测x是否在序列s中,返回True或False
x not in s	检测x是否不在序列s中,返回True或False

3.2 有序的数据集合体

为了表示和处理大量数据,Python 编程语言提供了集合体数据类型,如列表(list)、元组(tuple)、字典(dict)、集合(set)等。列表和元组属于有序的数据集合体。

3.2.1 列表

列表是由多个数据组成的序列,可以通过索引(位置序号)来访问列表中的数据。Python 的列表有两个特点:

①列表成员可以由任意类型的数据构成,不要求各成员具有相同类型。

②列表长度是不固定的,随时可以增加或删除成员。

列表会将所有元素都放在一对中括号 [ ] 中,相邻元素之间用逗号分隔,代码如下:

```
[element1,element2,element3,…,elementn]
```

其中,element1~elementn:表示列表中的元素,个数没有限制,只要是 Python 支持的数据类型就可以。

从内容上看,列表可以存储整数、实数、字符串、列表、元组等任何类型的数据,和数组不同的是,在同一个列表中元素的类型也可以不同。例如:

```
["c.chengxu.net" , 1 , [2,3,4] , 3.0]
```

可以看到,列表中同时包含字符串、整数、列表、浮点数这些数据类型。

注意:在使用列表时,虽然可以将不同类型的数据放入同一个列表中,但通常情况下不这么做,同一列表中只放入同一类型的数据,这样可以提高程序的可读性。

列表的数据类型就是 list,通过 type() 函数可以查看,代码如下:

```
>>> type(["c.chengxu.net" , 1 , [2,3,4] , 3.0])
<class 'list'>
```

可以看到显示的数据类型为 list,表示是一个列表。

1.创建列表

在 Python 中,创建列表的方法可分为两种,下面分别进行介绍。

(1)使用"="运算符直接创建列表

和其他类型的 Python 变量一样,创建列表时,也可以使用赋值运算符"="直接将一个列表赋值给变量,其语法格式如下:

```
listname = [element1, element2, element3, …, elementn]
```

其中,listname:表示列表的名称。

注意:在命名时既要符合 Python 命名规范,也要尽量避开与 Python 的内置函数重名。

例如,下面定义的列表都是合法的。

```
num = [1,2,3,4,5,6,7]
name = ["C 语言程序设计","http://c.chengxu.net"]
program = ["C 语言","Python","Java"]
```

另外,使用此方式创建列表时,列表中的元素可以有多个,也可以一个都没有。例如:

```
emptylist = []
```

这表明,emptylist 是一个空列表。

(2)使用 list()函数创建列表

Python 还提供了一个内置的 list() 函数来创建列表,它可用于将元组、区间等对象转换为列表,代码如下:

```
a_tuple = ('小鱼儿', 20, -1.2)
# 将元组转换成列表
a_list = list(a_tuple)
print(a_list)
```

输出结果为:

```
['小鱼儿', 20, -1.2]
```

此程序的功能是将一个元组('小鱼儿', 20, -1.2)转换成列表。由于尚未学习元组,因此初学者只需要知道,用圆括号()括起来的多个数据,就是一个元组。

在 Python 中,如果想将列表的内容输出也比较简单,直接使用 print() 函数即可。例如,前面已经创建了一个名为 name 的列表,输出此列表的代码如下:

```
name = ["C 语言程序设计","http://c.chengxu.net"]
print(name)
```

输出结果为:

```
['C 语言程序设计', 'http://c.chengxu.net']
```

可以看到,输出整个列表时,输出的内容包括左右两侧的中括号。

如果不想要输出全部的元素,可以通过列表的索引获取指定的元素。例如,获取 name 列表中索引值为 1 的元素,代码如下:

```
name = ["C 语言程序设计","http://c.chengxu.net"]
print(name[1])
```

输出结果为：

```
http://c.chengxu.net
```

从输出结果可以看出，在输出单个列表元素时，是不带中括号的，且如果是字符串，还不包括左右的引号。

除了一次性访问列表中的单个元素外，列表还可以通过切片操作实现一次性访问多个元素。例如：

```
num = [1,2,3,4,5,6,7]
print(num[2:4])
```

输出结果为：

```
[3, 4]
```

可以看到，通过切片操作，最终得到的是一个新的列表。

2.删除列表

对于已经创建的列表，如果不再使用，可以使用 del 语句将其删除。

注意：del 语句实际不常用，因为 Python 自带的垃圾回收机制会自动销毁不用的列表，所以即使开发者不手动将其删除，Python 也会自动将其回收。

del 的语法格式为：

```
del listname
```

其中，listname：表示要删除列表的名称。

例如，删除前面创建的 name 列表，代码如下：

```
name = ["C 语言程序设计","http://c.chengxu.net"]
print(name)
del name
print(name)
```

输出结果为：

```
['C 语言程序设计', 'http://c.chengxu.net']
Traceback (most recent call last):
File "C:\Users\program_test\Desktop\1.py", line 4, in <module>
print(name)
NameError: name 'name' is not defined
```

3.添加列表元素

通过前面的学习,我们知道通过使用"+"运算符可以将多个序列进行连接,列表也不例外。例如:

```
name = ["C语言程序设计"]
address = ["http://c.chengxu.net"]
print(name+address)
```

输出结果为:

```
['C语言程序设计', 'http://c.chengxu.net']
```

可以看到,使用"+"运算符,确实可以向列表中添加元素。但是这种方式的执行效率并不高,建议使用列表提供的方法添加元素。

(1)append()方法添加元素

append()方法用于在列表的末尾追加元素,其语法格式如下:

```
listname.append(obj)
```

其中,listname:表示要添加元素的列表;

obj:表示添加到列表末尾的数据,它可以是单个元素,也可以是列表、元组等。

例如:

```
a_list = ['小鱼儿', 20, -2]
# 追加元素
a_list.append('花无缺')
print(a_list)
a_tuple = (3.4, 5.6)
# 追加元组,元组被当成一个元素
a_list.append(a_tuple)
print(a_list)
# 追加列表,列表被当成一个元素
a_list.append(['a', 'b'])
print(a_list)
```

输出结果为:

```
['小鱼儿', 20, -2, '花无缺']
['小鱼儿', 20, -2, '花无缺', (3.4, 5.6)]
['小鱼儿', 20, -2, '花无缺', (3.4, 5.6), ['a', 'b']]
```

可以看到,即便给append()方法传递列表或者元组,此方法也只会将其视为一个元素,直接添加到列表中,从而形成包含列表和元组的新列表。

(2)extend()方法添加元素

如果不希望将追加的列表或元组当成一个整体加入列表中,而是只追加列表或元组中的元素,则可使用 Python 提供的 extend()方法,其语法格式如下:

```
listname.extend(obj)
```

例如:

```
b_list = ['a', 30]
# 追加元组中的所有元素
b_list.extend((-2, 3.1))
print(b_list)
# 追加列表中的所有元素
b_list.extend(['C', 'R', 'A'])
print(b_list)
# 追加区间中的所有元素
b_list.extend(range(97, 100))
print(b_list)
```

输出结果为:

```
['a', 30, -2, 3.1]
['a', 30, -2, 3.1, 'C', 'R', 'A']
['a', 30, -2, 3.1, 'C', 'R', 'A', 97, 98, 99]
```

(3)insert()方法添加元素

如果希望在列表中间增加元素,则可使用列表的 insert()方法,其语法格式为:

```
listname.insert(index , obj)
```

其中,index:表示将元素插入列表中指定位置处的索引值。

使用 insert()方法向列表中添加元素,和 append()方法一样,无论插入的对象是列表还是元组,都只会将其整体视为一个元素进行添加。例如:

```
c_list = list(range(1, 6))
print(c_list)
# 在索引 3 处插入字符串
c_list.insert(3, 'spidermen' )
print(c_list)
# 在索引 3 处插入列表
```

```
c_list.insert(3, ["spidermen"])
print(c_list)
```

输出结果为：

```
[1, 2, 3, 4, 5]
[1, 2, 3, 'spidermen', 4, 5]
[1, 2, 3, ['spidermen'], 'spidermen', 4, 5]
```

注意：insert()方法主要用来在列表中间添加元素，当向列表末尾添加元素时，还是应该使用 append()方法。

4.删除列表元素

(1)根据目标元素所在位置的索引值进行删除

del 语句是 Python 中专门用于执行删除操作的语句，不仅可用于删除列表的元素，也可用于删除变量等。

例如，有一个保存 3 个元素的列表，若指定删除最后一个元素，代码如下：

```
a_list=[20,2.4,(3,4)]
del a_list[-1]
print(a_list)
```

输出结果为：

```
[20, 2.4]
```

不仅如此，del 语句还可以直接删除列表中一段连续的多个元素。例如：

```
a_list = ['小鱼儿', 20, -2.4, (3, 4), '花无缺']
# 删除第 2 个到第 4 个(不包含)元素
del a_list[1: 3]
print(a_list)
```

输出结果为：

```
['小鱼儿', (3, 4), '花无缺']
```

(2)根据元素值进行删除

除使用 del 语句之外，Python 还提供了 remove()方法来删除列表元素，该方法并不是根据索引来删除元素，而是根据元素本身的值来执行删除操作。

remove()方法会删除第一个和指定值相同的元素，如果找不到该元素，将会引发 ValueError 错误。例如：

```
c_list = [20, '小鱼儿', 30, -4, '小鱼儿', 3.4]
# 删除第一次找到的 30
c_list.remove(30)
print(c_list)
# 删除第一次找到的'小鱼儿'
c_list.remove('小鱼儿')
print(c_list)
#再次尝试删除 30,会引发 ValueError 错误
c_list.remove(30)
```

输出结果为:

```
[20, '小鱼儿', -4, '小鱼儿', 3.4]
[20, -4, '小鱼儿', 3.4]
Traceback (most recent call last):
  File "C:\Users\program_test\Desktop\1.py", line 9, in <module>
    c_list.remove(30)
ValueError: list.remove(x): x not in list
```

在使用 remove() 方法删除列表元素之前,最好提前判断一下指定的元素是否存在,所以此方法常与 count() 方法组合使用。

(3)删除列表中的所有元素

列表还提供了一个 clear()方法,用于删除列表中的所有元素。例如:

```
c_list = [20, '小鱼儿', 30, -4, '小鱼儿', 3.4]
c_list.clear()
print(c_list)
```

输出结果为:

```
[]
```

5.修改列表元素

列表的元素相当于变量,因此程序可以对列表的元素赋值,这样即可修改列表的元素。例如:

```
a_list = [2, 4, -3.4, '小鱼儿', 23]
# 对第 3 个元素赋值
a_list[2] = '花无缺'
```

```
print(a_list) # [2, 4, '花无缺', '小鱼儿', 23]
# 对倒数第 2 个元素赋值
a_list[-2] = 9527
print(a_list) # [2, 4, '花无缺', 9527, 23]
```

上面的代码通过索引找到列表元素进行赋值,程序中既可以使用正数索引,也可以使用负数索引。

6.列表的其他方法

除前面介绍的添加元素、删除元素、修改元素的方法之外,列表还有一些其他的方法。

例如,在交互式解释器中输入 dir(list) 即可看到列表包含的所有方法,如下所示:

```
>>> dir(list)
['append', 'clear', 'copy', 'count', 'extend', 'index', 'insert', 'pop', 'remove', 'reverse', 'sort']
>>>
```

在上面的输出结果中已经剔除了那些以双下画线开头的方法。按照约定,这些方法都具有特殊的意义,不希望被用户直接调用。

上面有些方法前面已经介绍过了,接下来给大家介绍另外的一些常用方法。

(1)count()方法

count()方法用于统计列表中某个元素出现的次数,其基本语法格式为:

```
listname.count(obj)
```

其中,listname:表示列表名;

obj:表示判断是否存在的元素。

例如:

```
a_list = [2, 30, 'a', [5, 30], 30]
# 计算列表中 30 的出现次数
print(a_list.count(30))
# 计算列表中[5, 30]的出现次数
print(a_list.count([5, 30]))
```

输出结果为:

```
2
1
```

(2)index()方法

index()方法用于定位某个元素在列表中出现的位置(也就是索引),如果该元素没有出现,则会引发 ValueError 错误。其基本语法格式为:

```
listname.index(obj,start,end)
```

同 count()方法不同,index()方法还可传入 start、end 参数,用于在列表的指定范围内搜索元素。

如下代码示范了 index()方法的用法:

```
a_list = [2, 30, 'a', 'b', '小鱼儿', 30]
# 定位元素 30 的出现位置
print(a_list.index(30))
# 从索引 2 处开始定位元素 30 的出现位置
print(a_list.index(30, 2))
# 从索引 2 处到索引 4 处之间定位元素 30 的出现位置,因为找不到该元素,会引发 ValueError 错误
print(a_list.index(30, 2, 4))
```

输出结果为:

```
1
5
Traceback (most recent call last):
  File "C:\Users\program_test\Desktop\1.py", line 7, in <module>
    print(a_list.index(30, 2, 4)) # ValueError
ValueError: 30 is not in list
```

(3)pop()方法

pop()方法会移除列表中指定索引处的元素,如果不指定元素,默认会移除列表中最后一个元素。其基本语法格式为:

```
listname.pop(index)
```

例如:

```
a_list=[1,2,3]
#移除列表的元素 3
print(a_list.pop())
print(a_list)
#移除列表中索引为 0 的元素 1
```

```
print(a_list.pop(0))
print(a_list)
```

输出结果为：

```
3
[1, 2]
1
[2]
```

(4) reverse()方法

reverse()方法会将列表中所有元素反向存放，其基本语法格式为：

```
listname.reverse()
```

例如：

```
a_list = list(range(1, 8))
# 将 a_list 列表元素反转
a_list.reverse()
print(a_list)
```

输出结果为：

```
[7, 6, 5, 4, 3, 2, 1]
```

从上面的结果可以看出，调用 reverse()方法将反转列表中的所有元素。

(5) sort()方法

sort()方法用于对列表元素进行排序，排序后，原列表中的元素顺序会发生改变，其基本语法格式如下：

```
listname.sort(key=None, reverse=False)
```

可以看到，和其他方法不同，此方法中多了两个参数(key 和 reverse)。

key：用于指定从每个元素中提取一个用于比较的键。例如，使用此函数时设置 key=str.lower 表示在排序时不区分字母的大小写。

reverse：用于设置是否需要反转排序，默认为 False，表示从小到大排序；如果将该参数设为 True，将会改为从大到小排序。

例如：

```
a_list = [3, 4, -2, -30, 14, 9.3, 3.4]
# 对列表元素排序
a_list.sort()
```

```
print(a_list)
b_list = ['Python', 'Swift', 'Ruby', 'Go', 'Kotlin', 'Erlang']
# 对列表元素排序:默认按字符串包含的字符的编码大小进行比较
b_list.sort()
print(b_list) # ['Erlang', 'Go', 'Kotlin', 'Python', 'Ruby', 'Swift']
```

输出结果为:

```
[-30, -2, 3, 3.4, 4, 9.3, 14]
['Erlang', 'Go', 'Kotlin', 'Python', 'Ruby', 'Swift']
```

如下代码示范了 key 和 reverse 参数的用法:

```
b_list = ['Python', 'Swift', 'Ruby', 'Go', 'Kotlin', 'Erlang']
# 指定 key 为 len,指定使用 len 函数对集合元素生成比较的键,也就是按字符
串的长度比较大小
b_list.sort(key=len)
print(b_list)
# 指定反向排序
b_list.sort(key=len, reverse=True)
print(b_list)
```

输出结果为:

```
['Go', 'Ruby', 'Swift', 'Python', 'Kotlin', 'Erlang']
['Python', 'Kotlin', 'Erlang', 'Swift', 'Ruby', 'Go']
```

上面两次排序时都将 key 参数指定为 len,这意味着程序将会使用 len() 函数对集合元素生成比较大小的键,即根据集合元素的字符串长度比较大小。

注意:采用 sort()方法对列表进行排序时,对中文支持不好,其排序结果与常用的音序排序法或者笔画排序法都不一致。因此,如果需要实现对中文内容的列表排序,还需要重新编写相应的方法进行处理,而不能直接使用 sort()方法。

列表常见操作见表 3.3。

表 3.3　列表的常见操作

修改方式	含　义
a[i] = x	将列表 a 中索引为 i 的成员改为 x
a[i:j] = b	将列表 a 中索引从 i 到 j(不含)的片段改为列表 b
del a[i]	将列表 a 中索引为 i 的成员删除
del a[i:j]	将列表 a 中索引从 i 到 j(不含)的片段删除

列表对象的常用方法见表3.4。

表3.4 列表对象的常用方法

方法	含义
〈列表〉.append(x)	将x添加到〈列表〉的尾部
〈列表〉.sort()	对〈列表〉排序(使用缺省比较函数cmp)
〈列表〉.sort(mycmp)	对〈列表〉排序(使用自定义比较函数mycmp)
〈列表〉.reverse()	将〈列表〉次序颠倒
〈列表〉.index(x)	返回x在〈列表〉中第一次出现处的索引
〈列表〉.insert(i,x)	在〈列表〉中索引i处插入成员x
〈列表〉.count(x)	返回〈列表〉中x的出现次数
〈列表〉.remove(x)	删除〈列表〉中x的第一次出现
〈列表〉.pop()	删除〈列表〉中最后一个成员并返回该成员
〈列表〉.pop(i)	删除〈列表〉中第i个成员并返回该成员

拓展知识:range()函数快速初始化数字列表

在实际场景中,经常需要存储一组数字。例如,在游戏中,需要跟踪每个角色的位置,还可能需要跟踪记录玩家的前几个最高得分。在数据可视化中,处理的几乎都是由数字(如温度、距离、人口数量、经度和纬度等)组成的集合。

列表非常适合用于存储数字集合,并且Python提供了range()函数,可帮助用户高效地处理数字列表,即便列表需要包含数百万个元素,也可以快速实现。

range()函数能够轻松地生成一系列的数字。例如,可以打印一系列数字,代码如下:

```
for value in range(1,5):
    print(value)
```

输出结果为:

```
1
2
3
4
```

注意:在这个示例程序中,range()只是打印数字1~4,因为range()函数的用法是:让Python从指定的第一参数开始,一直数到指定的第二个参数停止,但不包含第二个值(这里为5)。

因此,如果想要上面的程序打印数字 1~5,需要使用 range(1,6)。

另外需要指明的是,range() 函数的返回值并不直接是列表类型,例如:

```
>>> type([1,2,3,4,5])
<class 'list'>
>>> type(range(1,6))
<class 'range'>
```

可以看到,range() 函数的返回值类型为 range,而不是 list。如果想要得到 range() 函数创建的数字列表,还需要借助 list() 函数。例如:

```
>>> list(range(1,6))
[1, 2, 3, 4, 5]
```

可以看到,如果将 range() 作为 list() 的参数,其输出的就是一个数字列表。

不仅如此,在使用 range() 函数时,还可以指定步长。例如,下面的代码是打印 1~10 的偶数。

```
even_numbers = list(range(2,11,2))
print(even_numbers)
```

在这个程序中,函数 range() 从 2 开始数,然后不断地加 2,直到达到或超过终值,因此输出结果为:

```
[2, 4, 6, 8, 10]
```

注意:即使 range()第二个参数恰好符合条件,最终创建的数字列表中也不会包含它。

在实际使用时,range() 函数常常和 Python 的循环结构、推导式一起使用,几乎能够创建任何需要的数字列表。

例如,创建这样一个列表,其中包含前 10 个整数(即 1~10)的平方,代码如下:

```
squares = []
for value in range(1,11):
    square = value**2
    squares.append(square)
print(squares)
```

输出结果为:

```
[1, 4, 9, 16, 25, 36, 49, 64, 81, 100]
```

3.2.2 元组

元组是 Python 中另一个重要的序列结构，和列表类似，也是由一系列按特定顺序排序的元素组成。和列表不同的是，列表可以任意操作元素，是可变序列；而元组是不可变序列，即元组中的元素不可以单独修改。

元组可以看作不可变的列表。在通常情况下，元组用于保存不可修改的内容。

从形式上看，元组的所有元素都放在一对小括号"( )"中，相邻元素之间用逗号","分隔，如下所示。

```
(element1, element2, …, elementn)
```

其中，element1 ~ elementn：表示元组中的各个元素，个数没有限制，且只要是 Python 支持的数据类型就可以。

从存储内容上看，元组可以存储整数、实数、字符串、列表、元组等任何类型的数据，并且在同一个元组中，元素的类型可以不同。例如：

```
("c.chengxu.net",1,[2,'a'],("abc",3.0))
```

在这个元组中，有多种类型的数据，包括整型、字符串、列表、元组。

通过 type() 函数，就可以查看到元组的数据类型，例如：

```
>>> type(("c.chengxu.net",1,[2,'a'],("abc",3.0)))
<class 'tuple'>
```

可以看到，元组是 tuple 类型，这也是很多教程中用 tuple 指代元组的原因。

1.创建元组

(1)使用"="运算符直接创建元组

和其他类型的 Python 变量一样，在创建元组时，可以使用赋值运算符"="直接将一个元组赋值给变量，其语法格式如下：

```
tuplename = (element1,element2,…,elementn)
```

其中，tuplename：表示创建的元组名，可以将任何符合 Python 命名规则，且不和 Python 内置函数重名的标识符作为元组名。

注意：创建元组的语法和创建列表的语法非常相似，唯一的不同在于，创建列表使用的是 [ ]，而创建元组使用的是( )。

例如，下面定义的元组都是合法的。

```
num = (7,14,21,28,35)
a_tuple = ("C 语言程序设计","http://c.chengxu.net")
```

```
python = ("Python",19,[1,2],('c',2.0))
```

在 Python 中,元组通常都是使用一对小括号将所有元素括起来,但小括号不是必须的,只要将各元素用逗号隔开,Python 就会将其视为元组。例如:

```
a_tuple = "C 语言程序设计","http://c.chengxu.net"
print(a_tuple)
```

输出结果为:

```
('C 语言程序设计', 'http://c.chengxu.net')
```

注意:当创建的元组中只有一个元素时,此元组后面必须要加一个逗号“,”;否则 Python 解释器会将其误认为是字符串。

例如:

```
#创建元组 a_typle
a_tuple =("C 语言程序设计",)
print(type(a_tuple))
print(a_tuple)
#创建字符串 a
a = ("C 语言程序设计")
print(type(a))
print(a)
```

输出结果为:

```
<class 'tuple'>
('C 语言程序设计',)
<class 'str'>
C 语言程序设计
```

显然,a_tuple 才是元组类型,而变量 a 只是一个字符串。

(2)使用 tuple()函数创建元组

Python 还提供了 tuple()函数来创建元组,它可以直接将列表、区间等对象转换成元组。其语法格式如下:

```
tuple(data)
```

其中,data:表示可以转化为元组的数据,其类型可以是字符串、元组、区间对象等。

例如:

```
# 将列表转换成元组
a_list = ['小鱼儿', 20, -1.2]
a_tuple = tuple(a_list)
print(a_tuple)
# 使用 range()函数创建区间对象
a_range = range(1, 5)
print(a_range)
# 将区间转换成元组
b_tuple = tuple(a_range)
print(b_tuple)
# 创建区间时还指定步长
c_tuple = tuple(range(4, 20, 3))
print(c_tuple)
```

输出结果为：

```
('小鱼儿', 20, -1.2)
range(1, 5)
(1, 2, 3, 4)
(4, 7, 10, 13, 16, 19)
```

2.访问元组元素

和列表完全一样，如果想访问元组中的指定元素，可以通过元组中各元素的索引值获取。例如，有一个包含 3 个元素的元组，若想访问第 2 个元素，代码如下：

```
a_tuple = ('小鱼儿', 20, -1.2)
print(a_tuple[1])
```

输出结果为：

```
20
```

在此基础上，元组也支持采用切片方式获取指定范围内的元素。例如，访问 a_tuple元组中前两个元素，代码如下：

```
a_tuple = ('小鱼儿', 20, -1.2)
#采用切片方式
print(a_tuple[:2])
```

输出结果为：

```
('小鱼儿', 20)
```

3.修改元组元素

前面已经讲过,元组是不可变序列,元组中的元素不可以单独进行修改。但是,元组也不是完全不能修改。

例如,可以对元组进行重新赋值,代码如下:

```
a_tuple = ('小鱼儿', 20, -1.2)
print(a_tuple)
#对元组重新赋值
a_tuple = ('c.chengxu.net',"C 语言程序设计")
print(a_tuple)
```

输出结果为:

```
('小鱼儿', 20, -1.2)
('c.chengxu.net', 'C 语言程序设计')
```

另外,还可以通过连接多个元组的方式向元组中添加新元素。例如:

```
a_tuple = ('小鱼儿', 20, -1.2)
print(a_tuple)
#连接多个元组
a_tuple = a_tuple + ('c.chengxu.net',)
print(a_tuple)
```

输出结果为:

```
('小鱼儿', 20, -1.2)
('小鱼儿', 20, -1.2, 'c.chengxu.net')
```

注意:在使用此方式时,元组连接的内容必须都是元组,不能将元组和字符串或列表进行连接,否则会输出 TypeError 错误。

例如:

```
a_tuple = ('小鱼儿', 20, -1.2)
#元组连接字符串
a_tuple = a_tuple + 'c.chengxu.net'
print(a_tuple)
```

输出结果为:

```
Traceback (most recent call last):
  File "C:\Users\program_test\Desktop\1.py", line 4, in <module>
```

```
    a_tuple = a_tuple + 'c.chengxu.net'
TypeError: can only concatenate tuple (not "str") to tuple
```

4.删除元组

当已经创建的元组确定不再使用时,可以使用 del 语句将其删除。例如:

```
a_tuple = ('小鱼儿', 20, -1.2)
print(a_tuple)
#删除 a_tuple 元组
del(a_tuple)
print(a_tuple)
```

输出结果为:

```
('小鱼儿', 20, -1.2)
Traceback (most recent call last):
  File "C:\Users\program_test\Desktop\1.py", line 4, in <module>
    print(a_tuple)
NameError: name 'a_tuple' is not defined
```

前面已经介绍过,在实际开发中,del() 语句并不常用,因为 Python 自带的垃圾回收机制会自动销毁不用的元组。

5.元组和列表的区别

元组和列表同属序列类型,且都可以按照特定顺序存放一组数据,数据类型不受限制,只要是 Python 支持的数据类型就可以。那么,元组和列表有哪些区别呢?

元组和列表最大的区别就是,列表中的元素可以进行任意修改,就好比是用铅笔在纸上写的字,写错了还可以擦除重写;而元组中的元素无法修改,除非将元组整体替换掉,就好比是用圆珠笔写的字,写了就擦不掉了,除非换一张纸。

可以理解为,元组是一个只读版本的列表。

注意:这样的差异势必会影响两者的存储方式,看下面的例子:

```
>>> listdemo = []
>>> listdemo.__sizeof__()
40
>>> tupleDemo = ()
>>> tupleDemo.__sizeof__()
24
```

可以看到,对列表和元组来说,虽然它们都是空的,但元组却比列表少占用 16 个字节,这是为什么呢?

事实上,就是由于列表是动态的,它需要存储指针来指向对应的元素(占用 8 个字节)。另外,由于列表中元素可变,所以需要额外存储已经分配的长度大小(占用 8 个字节)。但是对于元组,情况就不同了,元组的长度大小固定,且存储元素不可变,所以存储空间也是固定的。

初学者可能会提出问题,既然列表这么强大,还要元组这种序列类型干什么?

通过对比列表和元组存储方式的差异,可以引申出这样的结论,即元组要比列表更加轻量级,所以从总体上来说,元组的运算速度要优于列表。

另外,Python 会在后台,对静态数据做一些资源缓存。通常来说,因为垃圾回收机制的存在,如果一些变量不被使用了,Python 就会回收它们所占用的内存,返还给操作系统,以便其他变量或其他应用使用。

对于一些静态变量(如元组),如果它不被使用并且占用空间不大时,Python 会暂时缓存这部分内存。这样的话,当下次再创建同样大小的元组时,Python 就可以不用再向操作系统发出请求去寻找内存,而是可以直接分配之前缓存的内存空间,这样就能大大加快程序的运行速度。

3.3 无序的数据集合体

Python 提供了两种无序的集合体类型:集合和字典。

3.3.1 集合

Python 提供了集合类型,其和数学中的集合概念一样,用来保存不重复的元素,即集合中的元素都是唯一的,是用于表示大量数据的无序集合体。集合可以由各种数据组成,数据之间没有次序,并且互不相同。

集合类型的值有两种创建方式:一种是用一对花括号将多个用逗号分隔的数据括起来;另一种是调用函数 set(),此函数可以将字符串、列表、元组等类型的数据转换成集合类型的数据。

从形式上看,Python 集合会将所有元素放在一对大括号“{}”中,相邻元素之间用逗号“,”分隔,例如:

{element1,element2,…,elementn}

其中,elementn:表示集合中的元素,个数没有限制。

从内容上看,在同一集合中,只能存储不可变的数据类型,包括整型、浮点型、字符串、元组,无法存储列表、字典、集合这些可变的数据类型,否则 Python 解释器会输出 TypeError 错误。

需要注意的是,数据必须保证是唯一的,因为集合对于每种数据元素,只会保留一份。例如:

```
>>> {1,2,1,(1,2,3),'c','c'}
{1, 2, 'c', (1, 2, 3)}
```

由于 Python 中的集合是无序的,所以每次输出时元素的排列顺序可能都不相同。

其实,Python 中有两种集合类型,一种是 set 类型的集合,另一种是 frozenset 类型的集合,它们唯一的区别是,set 类型集合可以做添加、删除元素的操作,而 forzenset 类型的集合不行。本节只介绍 set 类型集合。

1.创建 set 集合

Python 提供了两种创建 set 集合的方法,分别是使用{}创建和使用 set() 函数将列表、元组等类型数据转换为集合。

(1)使用{}创建 set 集合

在 Python 中,创建 set 集合可以像列表和元素一样,直接将集合赋值给变量,从而达到创建集合的目的,其语法格式如下:

```
setname = {element1,element2,…,elementn}
```

其中,setname:表示集合的名称,命名时既要符合 Python 的命名规范,也要避免与 Python 的内置函数重名。

例如:

```
a = {1,'c',1,(1,2,3),'c'}
print(a)
```

输出结果为:

```
{1, 'c', (1, 2, 3)}
```

(2)set()函数创建 set 集合

set() 函数为 Python 的内置函数,其功能是将字符串、列表、元组、区间对象等可迭代对象转换成集合。其语法格式如下:

```
setname = set(iteration)
```

其中,iteration:表示字符串、列表、元组、区间对象等数据。

例如:

```
set1 = set("c.chengxu.net")
set2 = set([1,2,3,4,5])
set3 = set((1,2,3,4,5))
print("set1:",set1)
print("set2:",set2)
```

```
print("set3:",set3)
```

输出结果为:

```
set1: {'a', 'g', 'b', 'c', 'n', 'h', '.', 't', 'i', 'e'}
set2: {1, 2, 3, 4, 5}
set3: {1, 2, 3, 4, 5}
```

注意:如果要创建空集合,只能使用 set() 函数实现。

2.访问 set 集合元素

由于集合中的元素是无序的,因此无法像列表那样使用下标访问元素。在Python 中,访问集合元素最常用的方法是使用循环结构,将集合中的数据逐一读取出来。

代码如下:

```
a = {1,'c',1,(1,2,3),'c'}
for ele in a:
    print(ele,end=' ')
```

输出结果为:

```
1 c (1, 2, 3)
```

3.删除 set 集合

和其他序列类型一样,set 集合也可以使用 del()语句删除。例如:

```
a = {1,'c',1,(1,2,3),'c'}
print(a)
del(a)
print(a)
```

输出结果为:

```
{1, 'c', (1, 2, 3)}
Traceback (most recent call last):
  File "C:\Users\program_test\Desktop\1.py", line 4, in <module>
    print(a)
NameError: name 'a' is not defined
```

4.set 集合的常见操作

(1)向 set 集合中添加元素

向 set 集合中添加元素,可以使用 add()方法实现,其语法格式为:

```
setname.add(element)
```

其中,setname:表示要添加元素的集合;

element:表示要添加的元素内容。

注意:使用 add()方法添加的元素,只能是数字、字符串、元组或者布尔类型(True 和 False)值,不能添加列表、字典、集合这类可变的数据,否则 Python 解释器会输出 TypeError 错误。

(2)从 set 集合中删除元素

删除现有 set 集合中的指定元素,可以使用 remove()方法,其语法格式如下:

```
setname.remove(element)
```

注意:如果被删除的元素本就不包含在集合中,使用此方法会输出 KeyError 错误。

集合运算见表 3.5。

表 3.5 集合运算

运 算	含 义
x in 〈集合〉	检测 x 是否属于〈集合〉,返回 True 或 False
s1 | s2	求并集
s1 & s2	求交集
s1 - s2	求差集
s1 ^ s2	求对称差
s1 <= s2	检测 s1 是否是 s2 的子集
s1 < s2	检测 s1 是否是 s2 的真子集
s1 >= s2	检测 s1 是否是 s2 的超集
s1 > s2	检测 s1 是否是 s2 的真超集
s1 |= s2	将 s2 的元素并入 s1 中
len(s)	统计 s 中的元素个数

集合对象的常见方法见表 3.6。

表 3.6 集合对象的方法

方 法	含 义
s1.union(s2)	即 s1	s2
s1.intersection(s2)	即 s1 & s2
s1.difference(s2)	即 s1 - s2
s1.symmetric_difference(s2)	即 s1 ^ s2
s1.issubset(s2)	即 s1 <= s2
s1.issuperset(s2)	即 s1 >= s2
s1.update(s2)	即 s1 |= s2
s.add(x)	向 s 中增加元素 x
s.remove(x)	从 s 中删除元素 x(无 x 则出错)
s.discard(x)	从 s 中删除元素 x(无 x 也不出错)
s.pop()	从 s 中删除并返回任一元素
s.clear()	从 s 中删除所有元素
s.copy()	复制 s

3.3.2 字典

和列表相同,字典也是许多数据的集合,属于可变序列类型。不同之处在于,它是无序的可变序列,其保存的内容是以“键值对”的形式存放的。

字典类型是 Python 中唯一的映射类型。“映射”是数学中的术语,简单理解,它指的是元素之间相互对应的关系,即通过一个元素,可以唯一找到另一个元素,如图 3.3 所示。

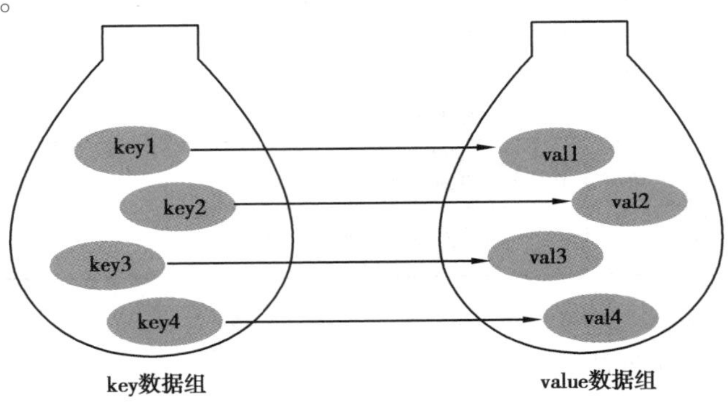

图 3.3 映射关系示意图

在字典中,习惯将各元素对应的索引称为键(key),各个键对应的元素称为值(value),键及其关联的值称为"键值对"。

字典类型很像《新华字典》,我们知道,通过《新华字典》中的音节表,可以快速找到想要查找的汉字。字典里的音节表就相当于字典类型中的键,而键对应的汉字则相当于值。

总的来说,字典类型所具有的主要特征见表3.7。

表3.7 Python字典的特征

主要特征	解　释
通过键而不是通过索引来读取元素	字典类型有时也称为关联数组或者散列表。它是通过键将一系列的值联系起来的,这样就可以通过键从字典中获取指定项,但不能通过索引来获取
字典是任意数据类型的无序集合	和列表、元组不同,它们通常会将索引值0对应的元素称为第一个元素,而字典中的元素是无序的
字典是可变的,并且可以任意嵌套	字典可以在原处增长或者缩短(无须生成一个副本),并且它支持任意深度的嵌套,即字典存储的值也可以是列表或其他的字典
字典中的键必须唯一	在字典中,不支持同一个键出现多次,否则,只会保留最后一个键值对
字典中的键必须不可变	字典中的值是不可变的,只能使用数字、字符串或者元组,不能使用列表

通过type()函数即可查看字典的数据类型,代码如下:

```
>>> a = {'one':1,'two':2,'three':3} #a 是一个字典类型
>>> type(a)
<class 'dict'>
```

可以看到,字典的数据类型是dict。

1.创建字典

(1)使用花括号语法创建字典

由于字典中每个元素都包含两部分,分别是键和值,因此在创建字典时,键和值之间使用冒号分隔,相邻元素之间使用逗号分隔,所有元素放在大括号"{}"中。其语法格式如下:

```
dictname = {'key':'value1','key2':'value2',…,'keyn':valuen}
```

其中,dictname:表示字典类型名;

keyn:valuen:表示各个元素的键值对。

注意:同一字典中各个元素的键值必须唯一。

使用花括号语法创建字典代码如下：

```
scores = {'语文': 89, '数学': 92, '英语': 93}
print(scores)
# 空的花括号代表空的 dict
empty_dict = {}
print(empty_dict)
# 使用元组作为 dict 的 key
dict2 = {(20, 30):'good', 30:[1,2,3]}
print(dict2)
```

输出结果为：

```
{'语文': 89, '数学': 92, '英语': 93}
{}
{(20, 30): 'good', 30: [1, 2, 3]}
```

可以看到，在同一字典中，键值可以是整数、字符串或者元组，只要符合唯一和不可变的特性，对应的值可以是 Python 支持的任意数据类型。

(2) fromkeys() 方法创建字典

在 Python 中，还可以使用字典类型提供的 fromkeys() 方法创建所有键值为空的字典，其语法格式为：

```
dictname = dict.fromkeys(list,value=None)
```

其中，list：表示字典中所有键的列表；

value：表示所有键对应的值，默认为 None。

例如：

```
knowledge = {'语文', '数学', '英语'}
scores = dict.fromkeys(knowledge)
print(scores)
```

输出结果为：

```
{'语文': None, '数学': None, '英语': None}
```

可以看到，knowledge 列表中的元素全部作为了 scores 字典的键，而各个键对应的值都为空(None)。此种创建方式，通常用于初始化字典，设置 value 的默认值。

(3) dict() 函数创建字典

通过 dict() 函数创建字典的写法有多种，表 3.8 列出了常用的几种方式，它们创建的都是同一个字典 a。

表 3.8 dict()函数创建字典

创建格式	注意事项
>>> a = dict(one=1,two=2,three=3)	其中的 one、two、three 都是字符串,但使用此方式创建字典时,字符串不能带引号

>>> demo = [('two',2),('one',1),('three',3)] #方式 1
>>> demo = [['two',2],['one',1],['three',3]] #方式 2
>>> demo = (('two',2),('one',1),('three',3)) #方式 3
>>> demo = (['two',2],['one',1],['three',3]) #方式 4
>>> a = dict(demo)
	向 dict() 函数传入列表或元组,而它们中的元素又各自是包含两个元素的列表或元组,其中第一个元素作为键,第二个元素作为值

>>> demokeys = ['one','two','three'] #还可以是字符串或元组
>>> demovalues = [1,2,3] #还可以是字符串或元组
>>> a = dict(zip(demokeys,demovalues))
	通过应用 dict() 函数和 zip() 函数,可将前两个列表转换为对应的字典

注意:无论采用以上哪种方式创建字典,字典中各元素的键都只能是字符串、元组或数字,不能是列表。

如果不为 dict() 函数传入任何参数,则代表创建一个空的字典。例如:

```
# 创建空的字典
dict5 = dict()
print(dict5)
```

输出结果为:

```
{}
```

2.访问字典

和列表、元组不同,它们访问元素都是通过下标,而字典是通过键来访问对应的元素值。

注意:字典中的元素是无序的,所以不能像列表、元组那样,采用切片的方式一次性访问多个元素。

例如,如果想访问刚刚建立的字典 a,获取元素 1,可以使用下面的代码:

```
>>> a['one']
1
```

在使用此方法获取指定键的值时,如果键不存在,则会输出如下异常:

```
>>> a['four']
Traceback (most recent call last):
  File "<pyshell#2>", line 1, in <module>
    a['four']
KeyError: 'four'
```

另外,除了上面这种方式外,Python 更推荐使用 dict 类型提供的 get() 方法获取指定键的值。其语法格式为:

```
dict.get(key[,default])
```

其中,dict:表示所创建的字典名称;

key:表示指定的键;

default:表示指定要查询的键不存在时,此方法返回的默认值,如果不手动指定,会返回 None。

例如,通过 get()方法获取字典 a 中"two"对应的值,代码如下:

```
>>> a = dict(one=1,two=2,three=3)
>>>a.get('two')
2
```

当然,为了防止在获取指定键的值时,因不存在该键而导致输出异常,在使用 get() 方法时,可以为其设置默认值,这样,即便指定的键不存在,也不会报错。例如:

```
>>> a = dict(one=1,two=2,three=3)
>>> a.get('four','字典中无此键')
'字典中无此键'
```

3.删除字典

和删除列表、元组一样,手动删除字典也可以使用 del 语句。例如:

```
>>> a = dict(one=1,two=2,three=3)
>>> a
{'one': 1, 'two': 2, 'three': 3}
>>> del(a)
>>> a
```

```
Traceback (most recent call last):
  File "<pyshell#16>", line 1, in <module>
    a
NameError: name 'a' is not defined
```

4.字典的基本操作

初学者要牢记,字典中常常包含多个键值对,而 key 是字典的关键数据,字典的基本操作都是围绕 key 值实现的。

(1)字典添加键值对

如果要为字典添加键值对,只需为不存在的 key 赋值即可,其语法格式如下:

dict[key] = value

其中,dict:表示字典名称。

key:表示要添加元素的键。

注意:既然是添加新的元素,那么就要保证此元素的键和字典中现有元素的键互不相同。

value:表示要添加数据的值,只要是 Python 支持的数据类型就可以。

例如,在现有字典 a 的基础上,添加新元素,代码如下:

```
a = {'数学':95}
print(a)
#添加新键值对
a['语文'] = 89
print(a)
#再次添加新键值对
a['英语'] = 90
print(a)
```

输出结果为:

```
{'数学': 95}
{'数学': 95, '语文': 89}
{'数学': 95, '语文': 89, '英语': 90}
```

(2)字典修改键值对

“修改键值对”并不是同时修改某一键值对的键和值,而只是修改某一键值对中的值。

由于在字典中,各元素的键必须是唯一的,因此,如果新添加元素的键与已存在元素的键相同,原来键所对应的值就会被新的值替换掉。例如:

```
a = {'数学': 95, '语文': 89, '英语': 90}
a['语文'] = 100
print(a)
```

输出结果为：

```
{'数学': 95, '语文': 100, '英语': 90}
```

可以看到，字典中没有再添加一个 {'语文':100} 键值对，而是对原有键值对 {'语文': 89} 中的值做了修改。

(3)字典删除键值对

如果要删除字典中的键值对，还是可以使用 del 语句。例如：

```
# 使用 del 语句删除键值对
a = {'数学': 95, '语文': 89, '英语': 90}
del a['语文']
del a['数学']
print(a)
```

输出结果为：

```
{'英语': 90}
```

(4)判断字典中是否存在指定键值对

如果要判断字典中是否存在指定键值对，首先应判断字典中是否有对应的键。判断字典是否包含指定键值对的键，可以使用 in 或 not in 运算符。例如：

```
a = {'数学': 95, '语文': 89, '英语': 90}
# 判断 a 中是否包含名为'数学'的 key
print('数学' in a) # True
# 判断 a 中是否包含名为'物理'的 key
print('物理' in a) # False
```

输出结果为：

```
True
False
```

通过 in(或 not in)运算符，用户可以很轻易地判断出字典中是否包含某个键，如果存在，通过键可以很轻易地获取对应的值，从而很容易就能判断出字典中是否有指定的键值对。

(5)字典的方法

字典的数据类型为 dict,可使用 dir(dict) 来查看该类包含哪些方法。在交互式解释器中输入 dir(dict) 命令,将看到如下输出结果:

```
>>> dir(dict)
['clear', 'copy', 'fromkeys', 'get', 'items', 'keys', 'pop', 'popitem', 'setdefault', 'update', 'values']
```

在这些方法中,clear()、fromkeys()、get() 方法的功能和用法已经在前面章节中讲过,这里不再重复介绍。下面给大家介绍另外的方法。

- keys()方法、values()方法和 items()方法

这 3 种方法之所以放在一起介绍,是因为它们都用来获取字典中的特定数据。keys()方法用于返回字典中的所有键;values()方法用于返回字典中所有键对应的值;items()方法用于返回字典中所有的键值对。

例如:

```
a = {'数学': 95, '语文': 89, '英语': 90}
print(a.keys())
print(a.values())
print(a.items())
```

输出结果为:

```
dict_keys(['数学', '语文', '英语'])
dict_values([95, 89, 90])
dict_items([('数学', 95), ('语文', 89), ('英语', 90)])
```

如果想使用返回的数据,有以下两种方法:

使用 list() 函数,将它们返回的数据转换成列表,代码如下:

```
a = {'数学': 95, '语文': 89, '英语': 90}
b = list(a.keys())
print(b)
```

输出结果为:

```
['数学', '语文', '英语']
```

也可以利用多重赋值的技巧,利用循环结构将键或值分别赋给不同的变量,代码如下:

```
a = {'数学': 95, '语文': 89, '英语': 90}
```

```
for k in a.keys():
    print(k,end='')
print("\n---------------")
for v in a.values():
    print(v,end='')
print("\n---------------")
for k,v in a.items():
    print("key:",k," value:",v)
```

输出结果为：

```
数学 语文 英语
---------------
95 89 90
---------------
key：数学   value：95
key：语文   value：89
key：英语   value：90
```

- copy()方法

copy()方法用于返回一个具有相同键值对的新字典。例如：

```
a = {'one': 1, 'two': 2, 'three': [1,2,3]}
b = a.copy()
print(b)
```

输出结果为：

```
{'one': 1, 'two': 2, 'three': [1, 2, 3]}
```

可以看到，通过 copy()方法，就可以将字典 a 的数据拷贝给字典 b。

注意：copy()方法所遵循的拷贝原理，既有深拷贝，也有浅拷贝。拿拷贝字典 a 为例，copy() 方法只会对最表层的键值对进行深拷贝，也就是说，它会再申请一块内存用来存放 {'one': 1, 'two': 2, 'three': []}；而对于某些列表类型的值来说，此方法对其做的是浅拷贝，也就是说，b 中的 [1,2,3] 的值不是自己独有，而是和 a 共有。

例如：

```
a = {'one': 1, 'two': 2, 'three': [1,2,3]}
b = a.copy()
```

```
#向 a 中添加新键值对,由于 b 已经提前将 a 的所有键值对都深拷贝过来,因此 a 添加新键值对,不会影响 b。
a['four'] = 100
print(a)
print(b)
#由于 b 和 a 共享[1,2,3](浅拷贝),因此移除 a 中列表中的元素,也会影响 b。
a['three'].remove(1)
print(a)
print(b)
```

输出结果为:

```
{'one': 1, 'two': 2, 'three': [1, 2, 3], 'four': 100}
{'one': 1, 'two': 2, 'three': [1, 2, 3]}
{'one': 1, 'two': 2, 'three': [2, 3], 'four': 100}
{'one': 1, 'two': 2, 'three': [2, 3]}
```

从结果不难看出,对 a 增加新键值对,b 不变;而修改 a 的某键值对中列表内的元素,b 也会相应改变。

- update()方法

update()方法可使用一个字典所包含的键值对来更新已有的字典。

在执行 update()方法时,如果被更新的字典中已包含对应的键值对,那么原 value 会被覆盖;如果被更新的字典中不包含对应的键值对,则该键值对被添加进去。例如:

```
a = {'one': 1, 'two': 2, 'three': 3}
a.update({'one':4.5, 'four': 9.3})
print(a)
```

输出结果为:

```
{'one': 4.5, 'two': 2, 'three': 3, 'four': 9.3}
```

从结果可以看出,由于被更新的字典中已包含 key 为"one"的键值对,因此更新时该键值对的值将被改写;但如果被更新的字典中不包含 key 为"four"的键值对,那么更新时就会为原字典增加一个键值对。

- pop 方法

pop()方法用于获取指定 key 对应的 value,并删除这个键值对。

例如:

```
a = {'one': 1, 'two': 2, 'three': 3}
print(a.pop('one'))
print(a)
```

输出结果为：

```
1
{'two': 2, 'three': 3}
```

在此程序中，第 2 行代码将会获取“one”对应的值“1”，并删除该键值对。

● popitem()方法

popitem()方法用于随机弹出字典中的一个键值对。

注意：此处的随机其实是假的，它和 list.pop()方法一样，也是弹出字典中最后一个键值对。但由于字典存储键值对的顺序是不可知的，因此 popitem()方法总是弹出底层存储的最后一个键值对。

例如：

```
a = {'one': 1, 'two': 2, 'three': 3}
print(a)
# 弹出字典底层存储的最后一个键值对
print(a.popitem())
print(a)
```

输出结果为：

```
{'one': 1, 'two': 2, 'three': 3}
('three', 3)
{'one': 1, 'two': 2}
```

实际上，由于 popitem()弹出的是一个元组，因此可以通过序列解包的方式，用两个变量分别接收 key 和 value。例如：

```
a = {'one': 1, 'two': 2, 'three': 3}
# 将弹出项的 key 赋值给 k、value 赋值给 v
k, v = a.popitem()
print(k, v)
```

输出结果为：

```
three 3
```

● setdefault( )方法

setdefault( )方法也用于根据 key 来获取对应的值。但该方法有一个额外的功能,即当程序要获取的 key 在字典中不存在时,该方法会先为这个不存在的 key 设置一个默认的 value,然后再返回该 key 对应的 value。

也就是说,setdefault( ) 方法总能返回指定 key 对应的 value;如果该键值对存在,则直接返回该 key 对应的 value;如果该键值对不存在,则先为该 key 设置默认的 value,然后再返回该 key 对应的 value。例如:

```
a = {'one': 1, 'two': 2, 'three': 3}
# 设置默认值,该 key 在字典中不存在,新增键值对
print(a.setdefault('four', 9.2))
print(a)
# 设置默认值,该 key 在字典中存在,不会修改字典内容
print(a.setdefault('one', 3.4))
print(a)
```

输出结果为:

```
9.2
{'one': 1, 'two': 2, 'three': 3, 'four': 9.2}
1
{'one': 1, 'two': 2, 'three': 3, 'four': 9.2}
```

(6)使用字典格式化字符串

在格式化字符串时,如果要格式化的字符串模板中包含多个变量,后面就需要按顺序给出多个变量,这种方式对于字符串模板中包含少量变量的情形是合适的,但如果字符串模板中包含大量变量,这种按顺序提供变量的方式则有些不合适。

这时,就可以使用字典对字符串进行格式化输出,具体方法是:在字符串模板中按 key 指定变量,然后通过字典为字符串模板中的 key 设置值。例如:

```
# 字符串模板中使用 key
temp = '教程是:%(name)s, 价格是:%(price)010.2f, 出版社是:%(publish)s'
book = {'name':'Python 基础教程', 'price': 99, 'publish': '高教出版社'}
# 使用字典为字符串模板中的 key 传入值
print(temp % book)
book = {'name':'C 语言深度开发', 'price':159, 'publish': '高教出版社'}
# 使用字典为字符串模板中的 key 传入值
```

```
print(temp % book)
```

输出结果为:

教程是:Python 基础教程, 价格是:0000099.00, 出版社是:高教出版社
教程是:C 语言深度开发, 价格是:0000159.00, 出版社是:高教出版社

【课后习题】

1.填空题

(1)在 Python 中,字典和集合都是用一对__________作为界定符,字典的每个元素由两部分组成,即__________和__________,其中__________不允许重复。

(2)使用字典对象的__________方法可以返回字典的“键值对”列表,使用字典对象的__________方法可以返回字典的“键”列表,使用字典对象的__________方法可以返回字典的“值”列表。

(3)假设有一个列表 a,现要求从列表 a 中每 3 个元素取 1 个,并且将取到的元素组成新的列表 b,可以使用语句__________。

(4)__________(可以、不可以)使用 del 命令来删除元组中的部分元素。

(5)假设列表对象 a_List 的值为[3, 4, 5, 6, 7, 9, 11, 13, 15, 17],那么切片 a_List[3:7]得到的值是__________。

(6)列表对象的 sort()方法用来对列表元素进行原地排序,该函数的返回值为__________。

(7)表达式“[3] in [1, 2, 3, 4]”的值为__________。

2.判断题

(1)Python 支持使用字典的“键”作为下标来访问字典中的值。 ( )

(2)Python 集合中的元素不允许重复。 ( )

(3)Python 字典中的“键”不允许重复。 ( )

(4)Python 字典中的“值”不允许重复。 ( )

(5)Python 中的列表、元组、字符串都属于有序序列。 ( )

(6)列表对象的 append()方法属于原地操作,用于在列表尾部追加一个元素。 ( )

(7)使用 del 命令或者列表对象的 remove()方法删除列表中的元素时会影响列表中部分元素的索引。 ( )

(8)Python 字典和集合属于无序序列。 ( )

(9)无法删除集合中指定位置的元素,只能删除特定值的元素。 ( )

(10)只能通过切片访问列表中的元素,不能使用切片修改列表中的元素。
( )

(11)删除列表中重复元素的最简单的方法是将其转换为集合后再重新转换为列表。
( )

(12)表达式 list('[1, 2, 3]') 的值是[1, 2, 3]。 ( )

(13)同一个列表对象中的元素类型可以各不相同。 ( )

(14)已知 x = (1, 2, 3, 4),那么执行 x[0] = 5 之后,x 的值为(5, 2, 3, 4)。
( )

(15)已知列表 x = [1, 2, 3, 4],那么表达式 x.find(5)的值应为-1。( )

3.编程题

(1)编写程序,生成包含 1 000 个 0 到 100 之间的随机整数,并统计每个元素的出现次数。

(2)设计一个字典,并编写程序,实现将用户输入的内容作为“键”,然后输出字典中对应的“值”,如果用户输入的“键”不存在,则输出“您输入的键不存在!”。

(3)编写程序,生成包含 20 个随机数的列表,然后将前 10 个元素升序排列,后 10 个元素降序排列,并输出结果。

第 4 章　数据处理的流程控制

结构化程序设计方法的基本思想是只用顺序、条件分支和循环 3 种控制结构来编制程序，并使整个程序由具有唯一入口和唯一出口的语句块相互串联、嵌套而成。这样的结构具有结构清晰、易理解、易验证和易维护等优点。

4.1　顺序控制结构

程序中执行点的变迁称为控制流程，当执行到程序中的某一条语句时，也说控制转到了该语句。

程序的控制流程可以用流程图来形象地表示。流程图采用标准化的图形符号来描述程序的执行步骤，是一种常用的程序设计工具。

顺序控制结构是最简单、最普遍的控制结构，计算机执行程序时的缺省控制流就是语句的自然排列顺序。

4.2　分支控制结构

编程语言中提供了根据条件来选择执行路径的控制结构，称为分支控制结构，也称为条件或判断结构。

代码块指的是具有相同缩进格式的多行代码。一般情况下，一个代码块会被当成一个整体来执行（除非在运行过程中遇到 return、break、continue 等关键字），因此这个代码块也被称为条件执行体。

4.2.1　单分支结构

单分支结构如图 4.1 所示。

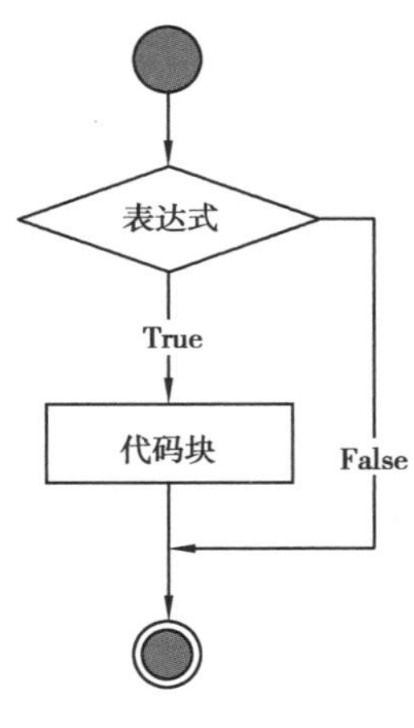

图 4.1　单分支结构

例如：

```
s_age = input("请输入您的年龄:")
age = int(s_age)
```

```
#使用第一种形式的 if 分支结构
if age > 20 :
    # 只有当 age > 20 时,下面整体缩进的代码块才会执行
    # 整体缩进的语句是一个代码块
print("年龄已经大于 20 岁了")
print("20 岁以上的人应该学会承担责任...")
```

运行上面的代码,如果输入的年龄小于 20,将会看到如下输出结果:

```
请输入您的年龄:18
```

从结果可以看出,如果输入的年龄小于 20,则程序没有任何输出,代码块中的代码都不会执行。

运行上面的代码,如果输入年龄大于 20,将会看到如下输出结果:

```
请输入您的年龄:24
年龄已经大于 20 岁了
20 岁以上的人应该学会承担责任...
```

从结果可以看出,如果输入的年龄大于 20,则程序会执行整体缩进的代码块。

再次强调,Python 是一门很"独特"的语言,它的代码块是通过缩进来标记的,具有相同缩进的多行代码属于同一个代码块。如果代码无规律地缩进,Python 解释器会报错。

注意:在其他语言中(如 C、C++、Java 等),选择语句还包括 switch 语句,也可以实现多重选择,但是在 Python 中没有 switch 语句,所以当要实现多重选择的功能时,只能使用 if(elif else)分支语句。

1.if 表达式真假值的判断方法

从前面的示例可以看到,Python 执行 if 语句时,会判断 if 表达式的值是 True 还是 False。表达式可以是任意类型,当下面的值作为 bool 表达式时,会被解释器当作 False 处理。

False、None、0、""、()、[]、{}

从上面的介绍可以看出,除了 False 本身,各种代表"空"的 None、空字符串、空元组、空列表、空字典都会被当成 False 处理。例如:

```
s = ""
if s :
    print('s 不是空字符串')
else:
```

```
    print('s是空字符串')
# 定义空列表
my_list = []
if my_list:
    print('my_list不是空列表')
else:
    print('my_list是空列表')
# 定义空字典
my_dict = {}
if my_dict:
    print('my_dict不是空字典')
else:
    print('my_dict是空字典')
```

从上面的代码可以看出,这些 if 表达式分别使用了字符串类型、列表类型、字典类型,由于这些类型都是空值,因此 Python 会把它们当成 False 处理。

2.if else 语句用法规范

(1)代码块不要忘记缩进

代码块一定要缩进,否则就不是代码块。例如:

```
s_age = input("请输入您的年龄:")
age = int(s_age)
if age > 20 :
print("年龄已经大于20岁了")
```

上面程序的 if 条件与下面的 print 语句位于同一条竖线上,这样在 if 条件下就没有受控制的代码块。因此,上面的程序执行时会报出如下错误:

```
IndentationError: expected an indented block
```

if 条件后的条件执行体(代码块)一定要缩进。只有缩进后的代码才能算条件执行体。

条件执行体可以缩进任意 N 个空格或 1 个 Tab 位,这些都是符合语法要求的。但从编程习惯来看,Python 通常建议缩进 4 个空格。

有时候,Python 解释器没有报错,但并不代表程序没有错误。例如:

```
s_age = input("请输入您的年龄:")
age = int(s_age)
```

```
if age > 20 :
    print("年龄已经大于20岁了")
print("20岁以上的人应该学会承担责任...")
```

解释执行上面的程序，程序不会报任何错误。但如果输入一个小于20的年龄，则可看到如下输出结果：

```
请输入您的年龄:12
20岁以上的人应该学会承担责任...
```

从运行结果可以看出，输入的年龄明明小于20，但运行结果还是会显示“20岁以上……”。这是为什么呢？因为这条print语句没有缩进。如果这行代码不缩进，那么Python就不会把这行代码当成条件执行体，它就不受if条件的控制，因此无论用户输入的年龄是多少，print语句总会执行。

如果忘记正确地缩进，很可能导致程序的运行结果超出预期。例如：

```
#定义变量b,并为其赋值
b = 5
if b > 4 :
    #如果b>4,则执行下面的条件执行体,只有一行代码作为代码块
    print("b大于4")
else:
    #否则,执行下面的条件执行体,只有一行代码作为代码块
    b -= 1
#对于下面的代码而言,它已经不再是条件执行体的一部分,因此总会执行
print("b不大于4")
```

在上面的代码中，最后一行代码总会执行，因为这行代码没有缩进，因此它就不属于else后的条件执行体，else后的条件执行体只有b -= 1这一行代码。

如果要让print("b不大于4")语句也处于else的控制之下，则需要让这行代码也缩进4个空格。

if、else后的条件执行体必须使用相同缩进的代码块，将这个代码块整体作为条件执行体。当if后有多条语句作为条件执行体时，如果忘记了缩进某一行代码，则会引起语法错误。代码如下：

```
# 定义变量c,并为其赋值
c = 5
if c > 4:
```

```
        # 如果 c>4,则执行下面的执行体,将只有 c-= 1 一行代码为执行体
        c -= 1
    # 下面是一行普通代码,不属于执行体
    print("c 大于 4")
    # 此处的 else 将没有 if 语句,因此编译出错
    else:
        # 否则,执行下面的执行体,只有一行代码作为代码块
        print("c 不大于 4")
```

在上面的代码中,因为 if 后的条件执行体的最后一条语句没有缩进,所以系统只把 c -= 1 一行代码作为条件执行体,当 c -= 1 语句执行结束后,if 语句也就执行结束了。后面的 print("c 大于 4")已经是一行普通代码,不再属于条件执行体,从而导致 else 语句没有 if 语句,引发编译错误。

运行上面的代码,将会报出如下错误:

```
SyntaxError : invalid syntax
```

为了改正上面的代码,需要让 print("c 大于 4") 也缩进 4 个空格。

(2)if 代码块不要随意缩进

虽然 Python 语法允许代码块随意缩进 N 个空格,但同一个代码块内的代码必须保持相同的缩进。例如:

```
s_age = input("请输入您的年龄:")
age = int(s_age)
if age > 20 :
    print("年龄已经大于 20 岁了")
     print("20 岁以上的人应该学会承担责任...")
```

在上面的程序中,第二个 print 语句缩进了 5 个空格,在这样的情况下,Python 解释器认为这条语句与前一条语句(缩进了 4 个空格)不是同一个代码块,因此 Python 解释器会报错。运行上面的代码,将会报出如下错误:

```
IndentationError: unexpected indent
```

把代码改为如下形式:

```
s_age = input("请输入您的年龄:")
age = int(s_age)
if age > 20 :
```

```
    print("年龄已经大于 20 岁了")
   print("20 岁以上的人应该学会承担责任...")
```

在上面的程序中，第二条 print 语句只缩进了 3 个空格，它与前一条 print 语句（缩进了 4 个空格）同样不属于同一个代码块，因此 Python 解释器还是会报错。运行上面的代码，会报出如下错误：

IndentationError：unindent does not match any outer indentation level

通过上面的介绍可以看出，Python 代码块中的所有语句必须保持相同的缩进，换句话说，位于同一个代码块中的所有语句必须保持相同的缩进，既不能多，也不能少。

另外，需要说明的是，对于不需要使用代码块的地方，千万不要随意缩进，否则程序也会报错。例如：

```
msg = "Hello，花无缺 e"
    print(msg)
```

上面的程序只有两条简单的执行语句，并没有包括分支、循环等流程控制，因此不应该使用缩进。解释执行上面的代码，将会报出如下错误：

Indentat ionError：unexpected indent

（3）if 表达式不要遗忘冒号

从 Python 语法解释器的角度来看，Python 中的冒号精确表示代码块的开始点。如果程序遗忘了冒号，那么 Python 解释器就无法识别代码块的开始点。例如：

```
age = 24
if age > 20
    print("年龄已经大于 20 岁了")
    print("20 岁以上的人应该学会承担责任...")
```

上面的 if 条件后忘了写冒号，因此 Python 就不知道条件执行体的开始点。运行上面的程序，将会报出如下错误：

SyntaxError：invalid syntax

4.2.2 双分支结构

双分支结构如图 4.2 所示。

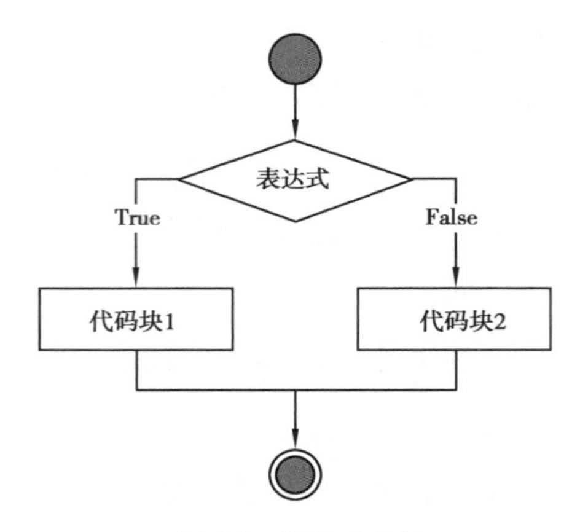

图 4.2　双分支结构

4.2.3　多分支结构

多分支结构如图 4.3 所示。

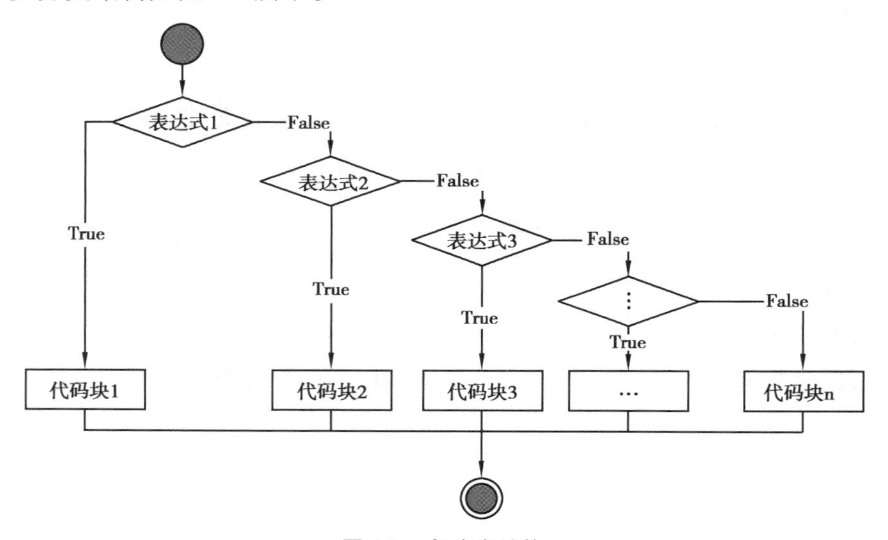

图 4.3　多分支结构

在以上 3 种形式的分支语句中,表达式可以是一个单纯的布尔值或变量,也可以是比较表达式或逻辑表达式。

4.2.4　if 语句的嵌套

例如,在最简单的 if 语句中嵌套 if else 语句,形式如下:

```
if 表达式 1:
    if 表示式 2:
        代码块 1
    else:
```

```
        代码块 2
```

再如，在 if else 语句中嵌套 if else 语句，形式如下：

```
if 表示式 1：
    if 表达式 2：
        代码块 1
    else：
        代码块 2
else：
    if 表达式 3：
        代码块 3
    else：
        代码块 4
```

需要注意的是，在相互嵌套时，一定要严格遵守不同级别代码块的缩进规范。

实例：判断是否为酒后驾车？

如果规定，车辆驾驶员的血液酒精含量小于 20 mg/100 mL 不构成酒驾；酒精含量大于或等于 20 mg/100 mL 为酒驾；酒精含量大于或等于 80 mg/100 mL 为醉驾。

程序思路：是否构成酒驾的界限值为 20 mg/100 mL；而在已确定为酒驾的范围（大于或等于 20 mg/100 mL）中，是否构成醉驾的界限值为 80 mg/100 mL，整个程序的执行流程应如图 4.4 所示。

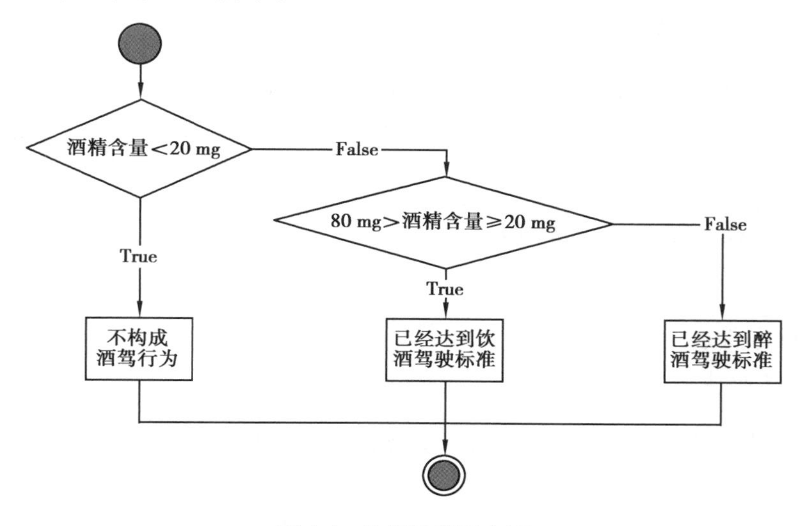

图 4.4　执行流程示意图

由此，可以使用两个 if else 语句嵌套来实现程序功能，代码如下：

```
proof = int(input("输入驾驶员每 100 mL 血液酒精的含量:"))
if proof < 20:
    print("驾驶员不构成酒驾")
else:
    if proof < 80:
    print("驾驶员已构成酒驾")
    else:
print("驾驶员已构成醉驾")
```

输出结果为:

```
输入驾驶员每 100 mL 血液酒精的含量:10
驾驶员不构成酒驾
```

4.3 循环控制结构

Python 中的循环语句有两种,分别为 while 循环和 for 循环。在编程语言中,循环语句的连续执行次数一般可以通过 3 种方式指定:

- 直接指定循环次数;
- 遍历一个数据集合,从而间接指定循环次数(集合有多少成员就循环多少次);
- 指定一个条件,当条件满足时循环或循环执行到条件满足为止。

4.3.1 while 循环语句

while 循环和 if 条件分支语句类似,即在条件(表达式)为真的情况下,会执行相应的代码块。不同之处在于,只要条件为真,while 语句就会一直重复执行那段代码块。

1.while 循环语句的语法格式

while 循环语句的语法格式如下:

```
while 条件表达式:
    代码块
```

其中,代码块:指缩进格式相同的多行代码,不过在循环结构中,它又称为循环体。

while 循环语句执行的具体流程为:首先判断条件表达式的值,其值为真(True)时,则执行代码块中的语句,当执行完毕后,再重新判断条件表达式的值是否为真,若仍为真,则继续重新执行代码块……如此循环,直到条件表达式的值为假(False),才终止循环。

while 循环结构的执行流程如图 4.5 所示。

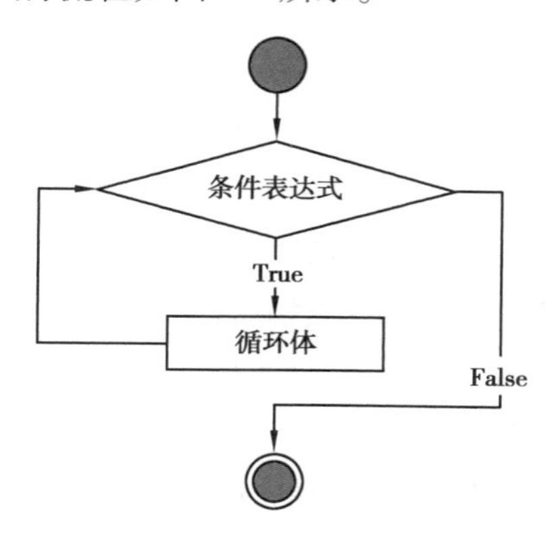

图 4.5　while 循环语句执行流程示意图

实例:打印 1~100 的所有数字。

代码如下:

```
# 循环的初始化条件
num = 1
# 当 num 小于 100 时,会一直执行循环体
while num < 100 :
    print("num=", num)
    # 迭代语句
    num += 1
print("循环结束!")
```

运行程序会发现,程序只输出了 1~99,却没有输出 100。这是因为当循环至 num 的值为 100 时,条件表达式为假(100<100),当然就不会再去执行代码块中的语句,因此不会输出 100。

注意:在使用 while 循环时,一定要保证循环条件有变成假的时候;否则这个循环将成为一个死循环,永远无法结束这个循环。

例如,将上面 while 循环中的 num += 1 代码注释掉再运行,会发现,Python 解释器一直在输出"num= 1",除非用户强制关闭解释器。

另外,与 if 分支语句类似的是,while 循环的循环体中所有代码必须使用相同的缩进,否则 Python 解释器也会报错。例如:

```
# 循环的初始化条件
num = 1
# 当 num 小于 100 时,会一直执行循环体
```

```
while num < 100 :
    print("num=", num)
    # 迭代语句
num += 1
print("循环结束!")
```

运行上面的程序,将会看到执行一个死循环。这是由于 num += 1 代码没有缩进,这行代码就不属于循环体。这样程序中的 num 将一直是 1,从而导致 1 < 100 一直都是 True,因此该循环就变成了一个死循环。

2.使用 while 循环遍历列表和元组

由于列表和元组的元素都是有索引的,因此程序可通过 while 循环、列表或元组的索引来遍历列表和元组中的所有元素。例如:

```
a_tuple = ('小鱼儿', '风清扬', '花无缺')
i = 0
# 只有 i 小于 len(a_list),继续执行循环体
while i < len(a_tuple):
    print(a_tuple[i]) # 根据 i 来访问元组的元素
    i += 1
```

运行上面的程序,可以看到如下输出结果:

小鱼儿 风清扬 花无缺

按照上面介绍的方法,while 循环也可用于遍历列表。

下面的程序实现对一个整数列表的元素进行分类,能整除 3 的元素放入一个列表中,除以 3 余 1 的元素放入另一个列表中,除以 3 余 2 的元素放入第三个列表中,代码如下:

```
src_list = [12, 45, 34,13, 100, 24, 56, 74, 109]
a_list = [ ] # 定义保存整除 3 的元素
b_list = [ ] # 定义保存除以 3 余 1 的元素
c_list = [ ] # 定义保存除以 3 余 2 的元素
# 只要 src_list 还有元素,继续执行循环体
while len(src_list) > 0:
    # 弹出 src_list 最后一个元素
    ele = src_list.pop()
    # 如果 ele % 2 不等于 0
if ele % 3 == 0 :
```

```
        a_list.append(ele) # 添加元素
elif ele % 3 == 1:
        b_list.append(ele) # 添加元素
else:
        c_list.append(ele) # 添加元素
print("整除 3:", a_list)
print("除以 3 余 1:",b_list)
print("除以 3 余 2:",c_list)
```

4.3.2 for 循环语句

for 循环常用于遍历字符串、列表、元组、字典、集合等序列类型，逐个获取序列中的各个元素。

1.for 循环语句的语法格式

for 循环语句的语法格式如下：

```
for 迭代变量 in 字符串|列表|元组|字典|集合:
    代码块
```

其中，迭代变量：用于存放从序列类型变量中读取出来的元素，所以一般不会在循环中对迭代变量手动赋值；

代码块：指的是具有相同缩进格式的多行代码（和 while 一样）。

for 循环语句的执行流程如图 4.6 所示。

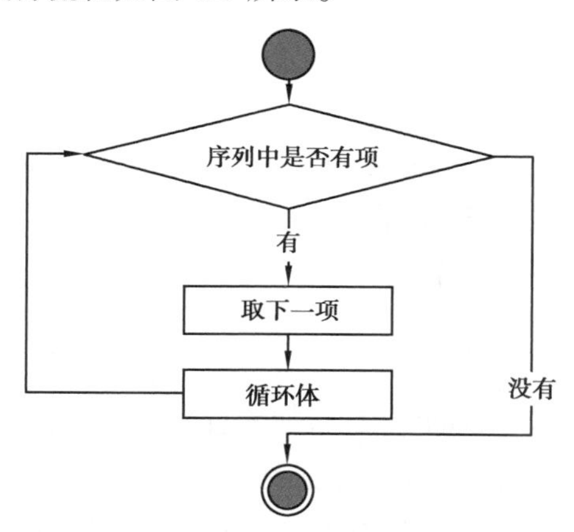

图 4.6　for 循环语句的执行流程图

例如：

```
name = '张三'
#变量 name,逐个输出各个字符
```

```
for ch in name:
    print(ch)
```

输出结果为:

```
张
三
```

可以看到,在使用 for 循环遍历“张三”字符串的过程中,迭代变量 ch 先后被赋值为“张”和“三”,并代入循环体中运行,只不过例子中的循环体比较简单,只有一行输出代码。

2.for 循环进行数值循环

在使用 for 循环时,最基本的应用就是进行数值循环。例如,想要实现从 1 到 100 的累加,可以执行如下代码:

```
print("计算 1+2+…+100 的结果为:")
#保存累加结果的变量
result = 0
#逐个获取从 1 到 100 这些值,并做累加操作
for i in range(101):
    result += i
print(result)
```

输出结果为:

```
计算 1+2+…+100 的结果为:
5050
```

在上面的代码中,使用了 range() 函数,此函数是 Python 内置的函数,用于生成一系列连续的整数,多用于 for 循环中。

range()函数的语法格式如下:

```
range(start,end,step)
```

其中,start:用于指定计数的起始值,如果省略不写,则默认从 0 开始;

end:用于指定计数的结束值(不包括此值),此参数不能省略;

step:用于指定步长,即两个数之间的间隔,如果省略,则默认步长为 1。

总之,在使用 range() 函数时,如果只有一个参数,则表示指定的是 end;如果有两个参数,则表示指定的是 start 和 end。

例如:

```
print("输出 10 以内的所有奇数:")
```

```
for i in range(1,10,2):
    print(i,end='')
```

输出结果为:

```
输出 10 以内的所有奇数:
1 3 5 7 9
```

在 Python 2.x 中,除提供 range() 函数外,还提供了一个 xrange() 函数,它可以解决 range() 函数不经意间耗掉所有可用内存的问题。但在 Python 3.x 中,已经将 xrange() 更名为 range() 函数,并删除了老的 xrange() 函数。

3.for 循环遍历列表和元组

在使用 for 循环遍历列表和元组时,列表或元组有几个元素,for 循环的循环体就执行几次,针对每个元素执行一次,迭代变量会依次被赋值为元素的值。

使用 for 循环遍历元组的代码如下:

```
a_tuple = ('风清扬', '小鱼儿', '花无缺 e ')
for ele in a_tuple:
    print('当前元素是:', ele)
```

输出结果为:

```
当前元素是: 风清扬
当前元素是: 小鱼儿
当前元素是: 花无缺 e
```

当然,也可按上面的方法来遍历列表。例如,下面的程序要计算列表中所有数值元素的总和、平均值,代码如下:

```
src_list = [12, 45, 3.4, 13, 'a', 4, 56, '风清扬', 109.5]
my_sum = 0
my_count = 0
for ele in src_list:
# 如果该元素是整数或浮点数
if isinstance(ele, int) or isinstance(ele, float):
    print(ele)
    # 累加该元素
    my_sum += ele
    # 数值元素的个数加 1
    my_count += 1
```

```
print('总和:', my_sum)
print('平均数:', my_sum / my_count)
```

输出结果为：

```
12
45
3.4
13
4
56
109.5
总和: 242.9
平均数: 34.7
```

上面的程序使用 for 循环遍历列表的元素,并对几何元素进行判断:只有当列表元素是数值(int、float)时,程序才会累加它们,这样就可以计算出列表中数值元素的总和。

不仅如此,程序中还使用了 Python 的 isinstance() 函数,该函数用于判断某个变量是否为指定类型的实例,其中前一个参数是要判断的变量,后一个参数是类型。用户可以在 Python 的交互式解释器中测试该函数的功能。例如：

```
>>> isinstance(2,int)
True
>>> isinstance('a',int)
False
>>> isinstance('a',str)
True
```

从上面的运行结果可以看出,使用 isinstance() 函数判断变量是否为指定类型是非常方便、有效的。

如果需要,for 循环也可根据索引来遍历列表或元组,即只要让迭代变量在 0 到列表长度的区间中取值,就可通过该迭代变量访问列表元素。例如：

```
a_list = [330, 1.4, 50, '小鱼儿', -3.5]
# 遍历 0 到 len(a_list)的范围
for i in range(0, len(a_list)) :
    # 根据索引访问列表元素
    print("第%d 个元素是 %s" % (i , a_list[i]))
```

输出结果为：

```
第 0 个元素是 330
第 1 个元素是 1.4
第 2 个元素是 50
第 3 个元素是小鱼儿
第 4 个元素是 -3.5
```

4.for 循环遍历字典

使用 for 循环遍历字典其实也是通过遍历普通列表来实现的。字典包含了以下 3 个方法：

items()：返回字典中所有 key-value 对的列表。

keys()：返回字典中所有 key 的列表。

values()：返回字典中所有 value 的列表。

因此，如果要遍历字典，完全可以先调用字典的 3 个方法之一来获取字典的所有 key-value 对、所有 key、所有 value，再进行遍历。使用 for 循环遍历字典的代码如下：

```
my_dict = {'语文': 89, '数学': 92, '英语': 80}
# 通过 items()方法遍历所有 key-value 对
# 由于 items 方法返回的列表元素是 key-value 对，因此要声明两个变量
for key, value in my_dict.items():
    print('key:', key)
    print('value:', value)
print('-------------')
# 通过 keys()方法遍历所有 key
for key in my_dict.keys():
    print('key:', key)
    # 在通过 key 获取 value
    print('value:', my_dict[key])
print('-------------')
# 通过 values()方法遍历所有 value
for value in my_dict.values():
    print('value:', value)
```

输出结果为：

```
key: 语文
```

```
value: 89
key: 数学
value: 92
key: 英语
value: 80
-------------
key: 语文
value: 89
key: 数学
value: 92
key: 英语
value: 80
-------------
value: 89
value: 92
value: 80
```

上面的程序通过 3 个 for 循环分别遍历了字典的所有 key-value 对、所有 key、所有 value。尤其是通过字典的 items( )遍历所有的 key-value 对时,由于 items( ) 方法返回的是字典中所有 key-value 对组成的列表,列表元素都是长度为 2 的元组,因此程序要声明两个变量来分别代表 key、value(这也是序列解包的应用)。

假如需要实现一个程序,用于统计列表中各元素出现的次数。由于用户并不清楚列表中包含多少个元素,因此考虑定义一个字典,以列表的元素为 key,该元素出现的次数为 value。代码如下:

```
src_list = [12, 45, 3.4, 12, '小鱼儿', 45, 3.4, '小鱼儿', 45, 3.4]
statistics = {}
for ele in src_list:
    # 如果字典中包含 ele 代表的 key
    if ele in statistics:
        # 将 ele 元素代表出现次数加 1
        statistics[ele] += 1
    # 如果字典中不包含 ele 代表的 key,说明该元素还未出现过
    else:
        # 将 ele 元素代表出现次数设为 1
        statistics[ele] = 1
```

```
#遍历 dict,输出各元素的出现次数
for ele, count in statistics.items():
    print("%s 的出现次数为:%d" % (ele, count))
```

输出结果为：

```
12 的出现次数为:2
45 的出现次数为:3
3.4 的出现次数为:3
小鱼儿的出现次数为:2
```

4.3.3 while 和 for 循环结构中 else 的用法

在 Python 中，无论是 while 循环还是 for 循环，其后都可以紧跟一个 else 代码块，它的作用是：当循环条件为 False 跳出循环时，程序会最先执行 else 代码块中的代码。

为 while 循环定义 else 代码块的代码如下：

```
count_i = 0
while count_i < 5:
    print('count_i 小于 5:', count_i)
    count_i += 1
else:
    print('count_i 大于或等于 5:', count_i)
```

运行上面的程序，可以看到如下输出结果：

```
count_i 小于 5:  0
count_i 小于 5:  1
count_i 小于 5:  2
count_i 小于 5:  3
count_i 小于 5:  4
count_i 大于或等于 5:  5
```

从上面的结果来看，当循环条件 count_i < 5 变成 False 时，程序执行了 while 循环的 else 代码块。

简单来说，程序在结束循环之前，会先执行 else 代码块。从这个角度来看，else 代码块其实没有太大的价值，将 else 代码块直接放在循环体之外即可。也就是说，上面的代码其实可改为如下形式：

```
count_i = 0
while count_i < 5:
    print('count_i 小于 5:', count_i)
    count_i += 1
print('count_i 大于或等于 5:', count_i)
```

上面的代码直接将 else 代码块放在 while 循环体之外，程序执行结果与使用 else 代码块的执行结果完全相同。

注意：循环的 else 代码块是 Python 的一个很特殊的语法（其他编程语言通常不支持），else 代码块的主要作用是便于生成更优雅的 Python 代码。

for 循环同样可使用 else 代码块，当 for 循环把区间、元组或列表的所有元素遍历一次之后，for 循环会执行 else 代码块，在 else 代码块中，迭代变量的值依然等于最后一个元素的值。例如：

```
a_list = [330, 1.4, 50, '小鱼儿', -3.5]
for ele in a_list:
    print('元素:', ele)
else:
    # 访问循环计数器的值,依然等于最后一个元素的值
    print('else 块:', ele)
```

运行上面的程序，可以看到如下输出结果：

```
元素: 330
元素: 1.4
元素: 50
元素: 小鱼儿
元素: -3.5
else 块: -3.5
```

4.3.4 for 循环和 while 循环的嵌套

在 Python 中，如果把一个循环放在另一个循环体内，那么就可以形成循环嵌套。循环嵌套既可以是 for 循环嵌套 while 循环，也可以是 while 循环嵌套 for 循环，即各种类型的循环都可以作为外层循环，各种类型的循环也都可以作为内层循环。

当程序遇到循环嵌套时，如果外层循环的循环条件允许，则开始执行外层循环的循环体，而内层循环将被外层循环的循环体来执行（只是内层循环需要反复执行

自己的循环体而已)。只有当内层循环执行结束且外层循环的循环体也执行结束时,才会通过判断外层循环的循环条件,决定是否再次开始执行外层循环的循环体。

根据上面的分析,假设外层循环的循环次数为 n 次,内层循环的循环次数为 m 次,那么内层循环的循环体实际上需要执行 $n \times m$ 次。循环嵌套的执行流程图如图 4.7 所示。

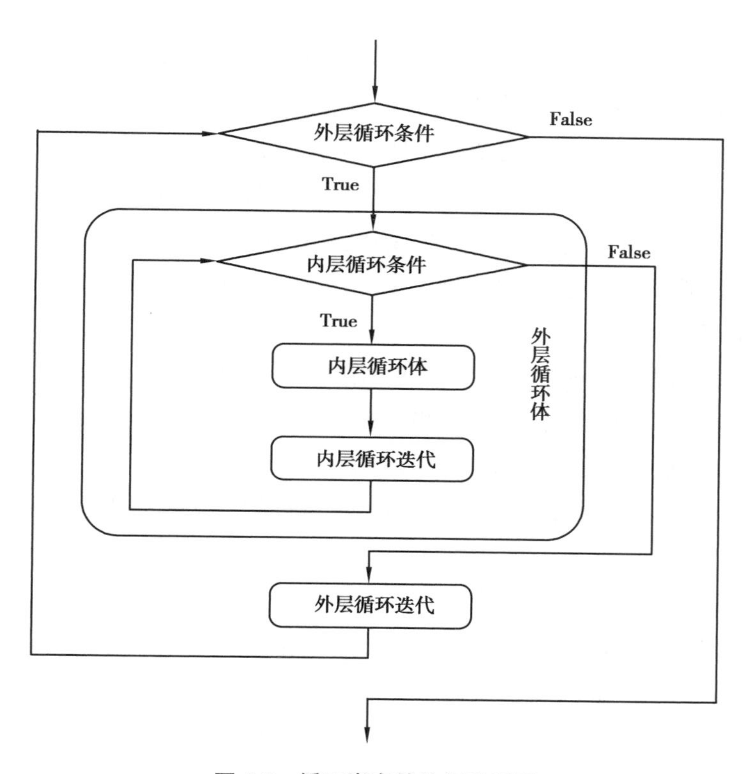

图 4.7　循环嵌套的执行流程图

从图 4.7 来看,循环嵌套就是把内层循环当成外层循环的循环体。只有内层循环的循环条件为假时,才会完全跳出内层循环,才可以结束外层循环的当次循环,开始下一次循环。

下面是一个循环嵌套的示例代码:

```
# 外层循环
for i in range(0, 5) :
    j = 0
    # 内层循环
    while j < 3 :
        print("i 的值为: %d , j 的值为: %d" % (i, j))
        j += 1
```

运行上面的程序,将看到如下输出结果:

```
i 的值为: 0 , j 的值为: 0
i 的值为: 0 , j 的值为: 1
i 的值为: 0 , j 的值为: 2
……
```

从上面的运行结果可以看出,当进入嵌套循环时,循环变量 i 开始为 0,这时即进入了外层循环。当进入外层循环后,内层循环把 i 当成一个普通变量,其值为 0。在外层循环的当次循环中,内层循环就是一个普通循环。

实际上,嵌套循环不仅可以是两层嵌套,还可以是三层嵌套、四层嵌套……不论循环如何嵌套,都可以把内层循环当成外层循环的循环体来对待,区别只是这个循环体中包含了需要反复执行的代码。

1.break 的用法

众所周知,在执行 while 循环或者 for 循环时,只要循环条件满足,程序将会一直执行循环体,不停地转圈。但在某些场景,我们可能希望在循环结束前就手动离开循环,Python 提供了两种强制离开当前循环体的办法:

- 使用 continue 语句,可以跳过执行本次循环体中剩余的代码,转而执行下一次循环。
- 使用 break 语句,可以完全终止当前循环。

在某些场景中,如果需要在某种条件出现时强行终止循环,而不是等到循环条件为 False 时才退出循环,就可以使用 break 来完成这个功能。

break 用于完全结束一个循环,跳出循环体。不管是哪种循环,一旦在循环体中遇到 break,系统就将完全结束该循环,开始执行循环之后的代码。这就好比在操场上跑步,原计划跑 10 圈,可是当跑到第二圈的时候,突然想起有急事要办,于是果断停止跑步并离开操场,这就相当于使用了 break 语句提前终止了循环。

注意:break 语句一般会与 if 语句搭配使用,表示在某种条件下,跳出循环体,如果使用嵌套循环,break 语句将跳出当前的循环体。

break 语句的语法非常简单,只需要在相应 while 或 for 语句中直接加入即可。例如:

```
# 一个简单的 for 循环
for i in range(0, 10) :
    print("i 的值是: ", i)
    if i == 2 :
        # 执行该语句时将结束循环
        break
```

输出结果为：

```
i 的值是： 0
i 的值是： 1
i 的值是： 2
```

通过结果可以看出，break 语句导致了 i==2 时执行结束，因为当 i==2 时，在循环体内遇到了 break 语句，程序跳出该循环。

需要注意的是，对于带 else 块的 for 循环，如果使用 break 强行终止循环，程序将不会执行 else 块。例如：

```
# 一个简单的 for 循环
for i in range(0, 10) :
    print("i 的值是：", i)
    if i == 2 :
        # 执行该语句时将结束循环
        break
else:
    print('else 块：', i)
```

上面的程序同样会在 i==2 时跳出循环，而且此时 for 循环不会执行 else 块。

在使用 break 语句的情况下，循环的 else 代码块与直接放在循环体后是有区别的，即如果将代码块放在 else 块中，当程序使用 break 终止循环时，循环不会执行 else 块；如果将代码块直接放在循环体后面，当程序使用 break 终止循环时，程序自然会执行循环体之后的代码块。

另外，针对嵌套的循环结构来说，Python 的 break 语句只能结束其所在的循环体，而无法结束嵌套所在循环的外层循环。例如：

```
for i in range(0,4) :
    print("此时 i 的值为:",i)
    for j in range(5):
        print("    此时 j 的值为:",j)
        break
    print("跳出内层循环")
```

输出结果为：

```
此时 i 的值为：0
    此时 j 的值为：0
跳出内层循环
```

```
此时 i 的值为：1
    此时 j 的值为：0
跳出内层循环
此时 i 的值为：2
    此时 j 的值为：0
跳出内层循环
此时 i 的值为：3
    此时 j 的值为：0
跳出内层循环
```

分析运行结果不难看出，每次执行内层循环体时，第一次循环就会遇到 break 语句，即做跳出所在循环体的操作，转而执行外层循环体的代码。

如果想达到使用 break 语句不仅跳出当前所在循环，同时跳出外层循环的目的，可先定义布尔类型的变量来标志是否需要跳出外层循环，然后在内层循环、外层循环中分别使用两条 break 语句来实现。例如：

```
exit_flag = False
# 外层循环
for i in range(0, 5) :
    # 内层循环
    for j in range(0, 3 ) :
        print("i 的值为: %d, j 的值为: %d" % (i, j))
        if j == 1 :
            exit_flag = True
            # 跳出内层循环
            break
# 如果 exit_flag 为 True,跳出外层循环
if exit_flag :
    break
```

上面的程序在内层循环中判断 j 是否等于 i，当 j 等于 i 时，程序将 exit_flag 设为 True，并跳出内层循环；接下来程序开始执行外层循环的剩下语句，由于 exit_flag 为 True，因此也会执行外层循环的 break 语句来跳出外层循环。

运行上面的程序，将看到如下输出结果：

```
i 的值为：0, j 的值为：0
i 的值为：0, j 的值为：1
```

2.continue 的用法

和 break 语句相比,continue 语句的作用则没有那么强大,它只能终止本次循环而继续执行下一次循环。

以跑步为例解释 continue 语句的作用:原计划跑 10 圈,但是当跑到第二圈一半的时候,突然接到一个电话,停止了跑步,等挂断电话后,回到起点直接从第三圈继续跑。

continue 语句的用法和 break 语句一样,只要在 while 或 for 语句中的相应位置加入即可。例如:

```
# 一个简单的 for 循环
for i in range(0, 3 ) :
    print("i 的值是: ", i)
    if i == 1 :
        # 忽略本次循环的剩下语句
        continue
    print("continue 后的输出语句")
```

运行上面的程序,将看到如下输出结果:

```
i 的值是:  0
continue 后的输出语句
i 的值是:  1
i 的值是:  2
continue 后的输出语句
```

从上面的结果来看,当 i==1 时,程序没有输出“continue 后的输出语句”字符串,因为程序执行到 continue 时,忽略了当次循环中 continue 语句后的代码。从这个意义上看,如果把一条 continue 语句放在当次循环的最后一行,那么这条 continue 语句是没有任何意义的,因为它仅仅忽略了一片空白,没有忽略任何程序语句。

4.4 结构化程序设计

4.4.1 程序开发过程

软件工程将软件系统的开发过程划分为前后相继的若干个阶段,称为系统开发生命周期(SDLC),开发人员必须严格遵循 SDLC 来开发软件系统。SDLC 包括分析当前系统、定义新系统的需求、设计新系统、开发新系统、实现新系统和评估新系统等阶段。

开发新系统阶段的任务大体上就是程序设计，它本身又可划分为几个步骤，构成程序开发周期(PDC)。PDC的各个步骤如下：

①明确需求：明确问题是什么，理解用户在功能方面的要求。

②制订程序规格：描述程序要“做什么”。

③设计程序逻辑：设计程序的解题过程，即描述“怎么做”。

④实现：使用一种编程语言来实现设计，即编写程序代码。

⑤测试与排错：用样本数据执行程序，测试结果是否与预期吻合。如果发现有错误(俗称bug)则排除错误。

⑥维护程序：根据用户需求持续开发、改进程序。

4.4.2 结构化程序设计的基本内容

结构化程序设计(Structured Programming,SP)的基本思想是要确保程序具有良好的结构，使程序易理解、易验证和易维护。

结构化程序设计的原则：

①只用3种基本控制结构：顺序、条件分支、循环。

②goto程序一定要转化为只包含顺序、条件分支和循环结构的程序。

③利用“单入口单出口”的程序块进行串联(见图4.8)、嵌套，最终搭建出复杂程序，使得程序的结构清晰、层次分明、易理解、易维护。

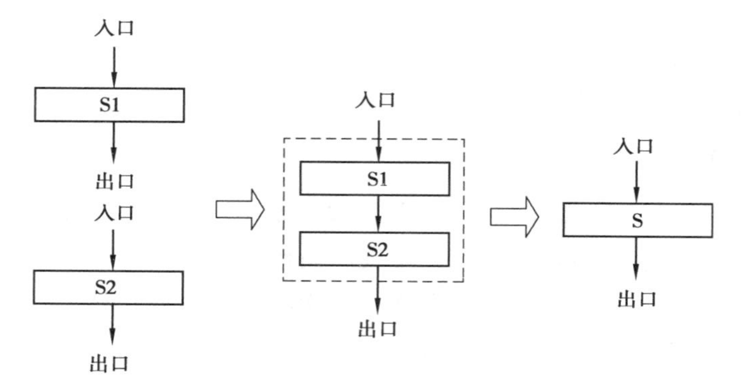

图4.8　控制结构的串联

编程题

(1)编程实现用户输入4位整数作为年份，判断其是否为闰年。如果年份能被400整除，则为闰年；如果年份能被4整除但不能被100整除也为闰年。

（2）编程实现生成一个包含 50 个随机整数的列表，然后删除其中所有的奇数。（提示：从后向前删）

（3）编程实现用户从键盘输入小于 1 000 的整数，对其进行因式分解。例如，10=2×5，60=2×2×3×5。

（4）编程实现至少使用两种不同的方法计算 100 以内所有奇数的和。

（5）编程实现分段函数计算，计算内容见下表。

x	y
x<0	0
0<=x<5	x
5<=x<10	3x−5
10<=x<20	0.5x−2
20<=x	0

第 5 章　数据与操作的两种方式

用计算机解决问题的关键是确定问题所涉及的数据以及对数据的操作。

在程序设计思想和方法的发展过程中存在两种不同的方式:一种是传统的以操作为中心的面向过程的方式,另一种是现代的以数据为中心的面向对象的方式。

5.1　面向过程的方式——数据的函数操作过程

5.1.1　函数的概念

在 Python 中,函数的应用非常广泛,前面已经接触过多个函数,如 print( )、range( )、len( ) 函数等,这些都是 Python 的内置函数,可以直接使用。

除了可以直接使用的内置函数外,Python 还支持自定义函数,即将一段有规律的、可重复使用的代码定义成函数,从而达到一次编写、多次调用的目的。

通俗来讲,所谓函数,就是指为一段实现特定功能的代码"取"一个名字,以后即可通过该名字来执行(调用)该函数。使用函数,可以大大提高代码的重复利用率。

通常,函数可以接收零个或多个参数,也可以返回零个或多个值。从函数使用者的角度来看,函数就像一个"黑盒子",程序将零个或多个参数传入这个"黑盒子",该"黑盒子"经过一番计算即可返回零个或多个值。

注意:对于"黑盒子"的内部细节(就是函数的内部实现细节),函数的使用者并不需要关心。

如图 5.1 所示为函数调用示意图。

从函数定义者(实现函数的人)的角度来看,其至少需要想清楚以下 3 点:

①函数需要几个关键的动态变化的数据,这些数据应该被定义成函数的参数。

②函数需要传出几个重要的数据(就是调用该函数的人希望得到的数据),这些数据应该被定义成返回值。

③函数的内部实现过程。

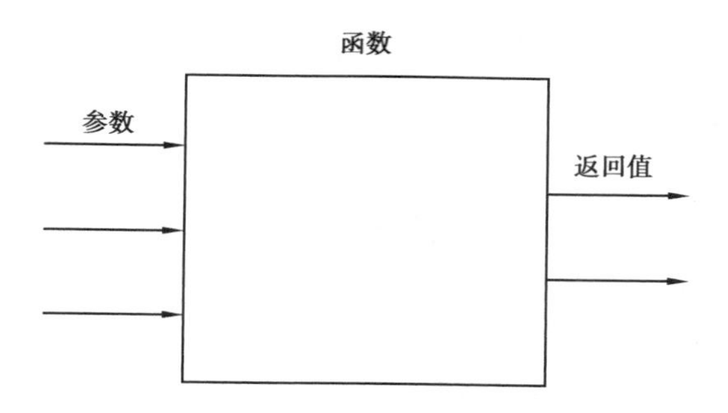

图 5.1　函数调用示意图

5.1.2　函数的定义

定义函数,也就是创建一个函数,可以理解为创建一个具有某种用途的工具。定义函数需要用 def 关键字实现,其语法格式如下:

```
def 函数名(形参列表):
    //由零条到多条可执行语句组成的代码块
[return [返回值]]
```

其中,用 [ ] 括起来的内容为可选部分,既可以编写,也可以省略。

此格式中,各部分参数的含义如下:

- 函数名:从语法角度来看,函数名只要是一个合法的标识符即可;从程序的可读性角度来看,函数名应该由一个或多个有意义的单词连缀而成,每个单词的字母全部小写,单词与单词之间使用下画线分隔。
- 形参列表:用于定义该函数可以接收的参数。形参列表由多个形参名组成,多个形参名之间以英文逗号(,)隔开。一旦在定义函数时指定了形参列表,调用该函数时就必须传入相应的参数值,也就是说,谁调用函数谁负责为形参赋值。

注意:在创建函数时,即使函数不需要参数,也必须保留一对空的"( )",否则 Python 解释器将提示"invaild syntax"错误。另外,如果想定义一个没有任何功能的空函数,可以使用 pass 语句作为占位符。

下面的程序定义了两个函数:

```
def my_max(x, y) :
    # 定义一个变量 z,该变量等于 x、y 中较大的值
    z=x if x > y else y
    # 返回变量 z 的值
    return z
# 定义一个函数,声明一个形参
def say_hi(name) :
    print("===正在执行 say_hi( )函数===")
```

```
    return name + ",您好!"
```

5.1.3 函数的调用

调用函数也就是执行函数。如果把创建的函数理解为一个具有某种用途的工具,那么调用函数就相当于使用该工具。函数调用的基本语法格式如下:

函数名([形参值])

其中,函数名:表示要调用的函数的名称;

形参值:表示当初创建函数时要求传入的各个形参的值。

注意:创建函数设有几个形参,那么调用时就需要传入几个值,且顺序必须和创建函数时一致。

例如,调用前面创建的两个函数,代码如下:

```
a=6
b=9
# 调用 my_max( )函数,将函数返回值赋值给 result 变量
result=my_max(a, b) # ①
print("result:", result)
# 调用 say_hi( )函数,直接输出函数的返回值
print(say_hi("孙悟空")) # ②
```

在上面的程序中,分别在①、②处调用了 my_max( ) 和 say_hi( ) 这两个函数。运行上面的程序,将可以看到如下输出结果:

```
result: 9
===正在执行 say_hi( )函数===
孙悟空,您好!
```

从结果可以看出,当程序调用一个函数时,既可以把调用函数的返回值赋值给指定变量,也可以将函数的返回值传给另一个函数,作为另一个函数的参数。

另外,在函数体中使用 return 语句可以显式地返回一个值,return 语句返回的值既可以是有值的变量,也可以是一个表达式。例如,上面的 my_max( ) 函数,实际上也可简写为如下形式:

```
def my_max(x, y) :
    # 返回一个表达式
    return x if x > y else y
```

5.1.4 函数的说明文档

我们可以为函数编写说明文档,只要把一段字符串放在函数声明之后、函数体之前,这段字符串将被作为函数的一部分,这段字符串就是函数的说明文档。

程序既可通过 help( ) 函数查看函数的说明文档,也可通过函数的 __doc__ 属性访问函数的说明文档。为函数编写说明文档,代码如下:

```
def my_max(x, y) :
    '''
    获取两个数值之间较大数的函数
    my_max(x, y)
        返回 x、y 两个参数之间较大的那个
    '''
    # 定义一个变量 z,该变量等于 x、y 中较大的值
    z=x if x > y else y
    # 返回变量 z 的值
    return z
```

上面的程序使用多行字符串的语法为 my_max( ) 函数编写了说明文档。接下来的程序既可通过 help( ) 函数查看该函数的说明文档,也可通过 __doc__ 属性访问该函数的说明文档。

```
# 使用 help( )函数查看 my_max 的帮助文档
help(my_max)
#或者 print(my_max.__doc__)
```

运行上面的代码,可以看到如下输出结果:

```
Help on function my_max in module __main__:
my_max(x, y)
    获取两个数值之间较大数的函数
    my_max(x, y)
        返回 x、y 两个参数之间较大的那个
```

5.1.5 函数的值传递和引用传递

通常情况下,定义函数时都会选择有参数的函数形式,函数参数的作用是传递数据给函数,令其对接收的数据做具体的操作。

在使用函数时,经常会用到形式参数(简称“形参”)和实际参数(简称“实参”),二者都称为参数,它们的区别如下:

形式参数:在定义函数时,函数名后面括号中的参数,例如:

```
#定义函数时,这里的函数参数 obj 就是形式参数
def demo(obj):
    print(obj)
```

实际参数:在调用函数时,函数名后面括号中的参数,也就是函数的调用者给

函数的参数,例如:

```
a="C 程序设计"
#调用已经定义好的 demo 函数,此时传入的函数参数 a 就是实际参数
demo(a)
```

在 Python 中,根据实际参数的类型不同,函数参数的传递方式可分为两种:值传递和引用(地址)传递。

- 值传递:适用于实参类型为不可变类型(字符串、数字、元组)。
- 引用传递:适用于实参类型为可变类型(列表,字典)。

值传递和引用传递的区别是:函数参数进行值传递后,若形参的值发生改变,不会影响实参的值;函数参数进行引用传递后,改变形参的值,实参的值也会一同改变。

例如,定义一个名为 demo 的函数,分别传入一个字符串类型的变量(代表值传递)和列表类型的变量(代表引用传递),代码如下:

```
def demo(obj) :
    obj += obj
    print("形参值为:",obj)
print("-------值传递-----")
a="C 程序设计"
print("a 的值为:",a)
demo(a)
print("实参值为:",a)
print("-----引用传递-----")
a=[1,2,3]
print("a 的值为:",a)
demo(a)
print("实参值为:",a)
```

输出结果为:

```
-------值传递-----
a 的值为: C 程序设计
形参值为: C 程序设计 C 程序设计
实参值为: C 程序设计
-----引用传递-----
a 的值为: [1, 2, 3]
形参值为: [1, 2, 3, 1, 2, 3]
实参值为: [1, 2, 3, 1, 2, 3]
```

5.1.6 函数“参数”的传递机制

在 Python 中,函数参数由实参传递给形参的过程,是由参数传递机制来控制的。

1.函数参数的值传递机制

所谓值传递,实际上就是将实际参数值的副本(复制品)传入函数,而参数本身不会受到任何影响。

注意:值传递的方式,类似于《西游记》里的孙悟空,它复制一个假孙悟空,假孙悟空和真孙悟空相同,可除妖或被砍头。不管这个假孙悟空遇到什么事,真孙悟空都不会受任何影响。与此类似,传入函数的是实际参数值的复制品,不管在函数中对这个复制品如何操作,实际参数值本身不会受到任何影响。

下面的程序演示了函数参数进行值传递的效果:

```
def swap(a, b) :
    # 下面代码实现 a、b 变量的值交换
    a, b=b, a
    print("swap 函数里,a 的值是", \
        a, ";b 的值是", b)
a=6
b=9
swap(a, b)
print("交换结束后,变量 a 的值是", \
    a, ";变量 b 的值是", b)
```

运行上面的程序,将看到如下输出结果:

```
swap 函数里,a 的值是 9;b 的值是 6
交换结束后,变量 a 的值是 6;变量 b 的值是 9
```

从上面的结果来看,在 swap( ) 函数里,a 和 b 的值分别是 9、6,交换结束后,变量 a 和 b 的值是 6、9。程序中实际定义的变量 a 和 b,并不是 swap( ) 函数里的 a 和 b。

正如前面所讲的,swap( ) 函数里的 a 和 b 只是主程序中变量 a 和 b 的复制品。下面通过示意图来说明上面程序的执行过程。

上面程序开始定义了 a、b 两个局部变量,这两个变量在内存中的存储示意图如图 5.2 所示。

当程序执行 swap( ) 函数时,系统进入 swap( ) 函数,并将主程序中的 a、b 变量作为参数值传入 swap( ) 函数,但传入 swap( ) 函数的只是 a、b 的副本,而不是 a、b 本身。进入 swap( ) 函数后,系统中产生了 4 个变量,这 4 个变量在内存中的存储示意图如图 5.3 所示。

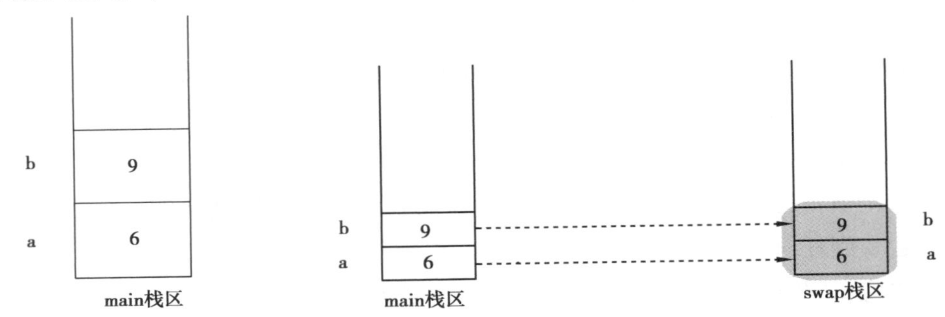

图 5.2　主栈区中 a、b 变量的存储示意图

图 5.3　主栈区的变量作为参数值传入 swap( ) 函数后的存储示意图

当在主程序中调用 swap( ) 函数时,系统分别为主程序和 swap( ) 函数分配两块栈区,用于保存它们的局部变量。将主程序中的 a、b 变量作为参数值传入 swap( ) 函数,实际上是在 swap( ) 函数栈区中重新产生了两个变量 a、b,并将主程序栈区中 a、b 变量的值分别赋值给 swap( ) 函数栈区中的 a、b 参数(就是对 swap( ) 函数的 a、b 两个变量进行初始化)。此时,系统存在两个 a 变量、两个 b 变量,只是存在于不同的栈区中而已。

程序在 swap( ) 函数中交换 a、b 两个变量的值,实际上是对图 5.4 中右图灰色区域的 a、b 变量进行交换。交换结束后,输出 swap( ) 函数中 a、b 变量的值,可以看到 a 的值为 9,b 的值为 6,此时在内存中的存储示意图如图 5.4 所示。

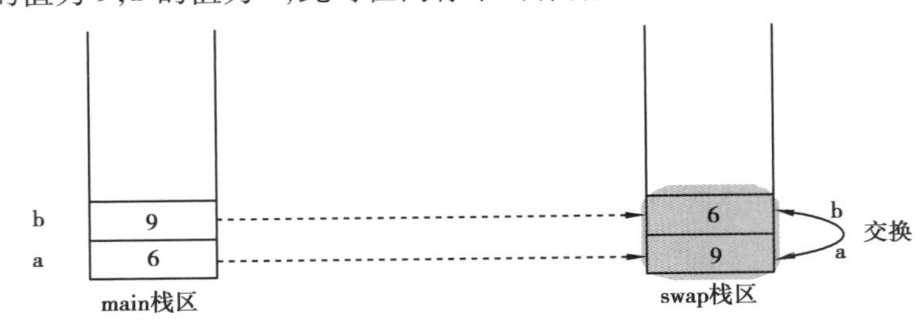

图 5.4　swap( ) 函数中 a、b 交换之后的存储示意图

对比图 5.4 与图 5.3,可以看到两个示意图中主程序栈区中 a、b 的值并未有任何改变,程序改变的只是 swap( ) 函数栈区中 a、b 的值。这就是值传递的实质:当系统开始执行函数时,系统对形参执行初始化,就是把实参变量的值赋给函数的形参变量,在函数中操作的并不是实际的实参变量。

2.函数参数的引用传递机制

如果实际参数的数据类型是可变对象(列表、字典),则函数参数的传递方式将采用引用传递方式。需要注意的是,引用传递方式的底层实现,采用的依然还是值传递方式。

下面程序示范了引用传递参数的效果：

```
def swap(dw):
    # 下面代码实现 dw 的 a、b 两个元素的值交换
    dw['a'], dw['b']=dw['b'], dw['a']
    print("swap 函数里,a 元素的值是",\
        dw['a'], ";b 元素的值是", dw['b'])
dw={'a': 6, 'b': 9}
swap(dw)
print("交换结束后,a 元素的值是",\
    dw['a'], ";b 元素的值是", dw['b'])
```

运行上面的程序，将看到如下输出结果：

```
swap 函数里,a 元素的值是 9;b 元素的值是 6
交换结束后,a 元素的值是 9;b 元素的值是 6
```

从上面的结果来看，在 swap( ) 函数里，dw 字典的 a、b 两个元素的值被成功交换。不仅如此，当 swap( ) 函数执行结束后，主程序中 dw 字典的 a、b 两个元素的值也被交换了。这很容易造成一种错觉，即在调用 swap( ) 函数时，传入 swap( ) 函数的就是 dw 字典本身，而不是它的复制品。但这只是一种错觉，下面还是结合示意图来说明程序的执行过程。

程序开始创建了一个字典对象，并定义了一个 dw 引用变量（其实就是一个指针）指向字典对象，这意味着此时内存中有两个东西：对象本身和指向该对象的引用变量。此时在系统内存中的存储示意图如图 5.5 所示。

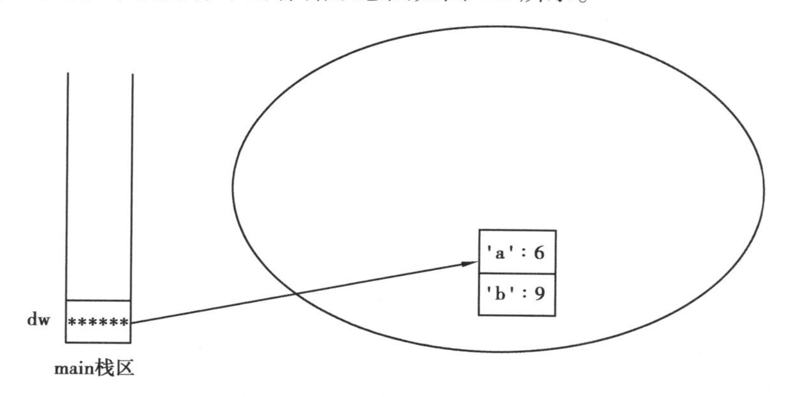

图 5.5 主程序创建了字典对象后的存储示意图

接下来主程序开始调用 swap( ) 函数，在调用 swap( ) 函数时，dw 变量作为参数传入 swap( ) 函数，这里依然采用值传递方式：把主程序中 dw 变量的值赋给 swap( ) 函数的 dw 形参，从而完成 swap( ) 函数的 dw 参数的初始化。值得指出的是，主程序中的 dw 是一个引用变量（也就是一个指针），它保存了字典对象的地址

值,当把 dw 的值赋给 swap( ) 函数的 dw 参数后,就是让 swap( ) 函数的 dw 参数也保存这个地址值,即也会引用到同一个字典对象。图 5.6 显示了 dw 字典传入 swap( )函数后的存储示意图。

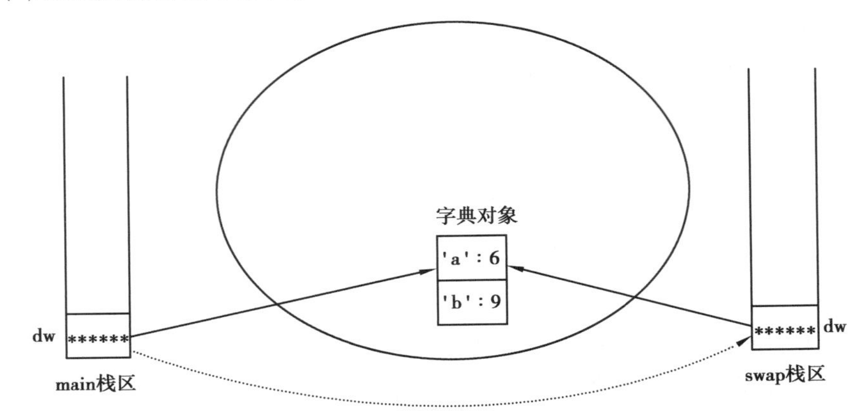

图 5.6 dw 字典传入 swap( )函数后的存储示意图

从图 5.6 来看,这种参数传递方式是不折不扣的值传递方式,系统复制了 dw 的副本传入 swap( )函数。但由于 dw 只是一个引用变量,因此系统复制的是 dw 变量,并未复制字典本身。

当程序在 swap( ) 函数中操作 dw 参数时,dw 只是一个引用变量,故实际操作的还是字典对象。此时,不管是操作主程序中的 dw 变量,还是操作 swap( )函数里的 dw 参数,其实操作的都是它们共同引用的字典对象,它们引用的是同一个字典对象。因此,当在 swap( )函数中交换 dw 参数所引用字典对象的 a、b 两个元素的值后,可以看到在主程序中 dw 变量所引用字典对象的 a、b 两个元素的值也被交换了。

为了更好地证明主程序中的 dw 和 swap( )函数中的 dw 是两个变量,在swap( )函数的最后一行增加如下代码:

```
#把 dw 直接赋值为 None,让它不再指向任何对象
dw = None
```

运行上面的代码,结果是 swap( )函数中的 dw 变量不再指向任何对象,程序其他地方没有任何改变。主程序调用 swap( )函数后,再次访问 dw 变量的 a、b 两个元素,依然可以输出 9、6。可见,主程序中的 dw 变量没有受到任何影响。实际上,当在 swap( )函数中增加“dw = None”代码后,在内存中的存储示意图如图 5.7 所示。

从图 5.7 来看,把 swap( )函数中的 dw 赋值为 None 后,在 swap( )函数中失去了对字典对象的引用,不可再访问该字典对象。但主程序中的 dw 变量不受任何影响,依然可以引用该字典对象,所以依然可以输出字典对象的 a、b 元素的值。

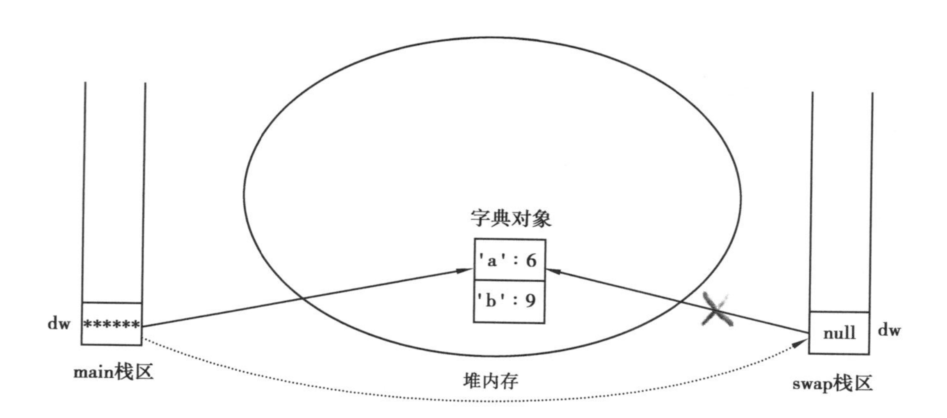

图5.7 将swap( )函数中的dw赋值为None后的存储示意图

通过上面的介绍可以得出如下两个结论：

①不管什么类型的参数，在Python函数中对参数直接使用“=”符号赋值是没用的，直接使用“=”符号赋值并不能改变参数。

②如果需要让函数修改某些数据，则可以通过把这些数据包装成列表、字典等可变对象，然后把列表、字典等可变对象作为参数传入函数，在函数中通过列表、字典的方法修改它们，这样才能改变这些数据。

5.1.7 位置参数

位置参数，有时也称必备参数，指的是必须按照正确的顺序将实际参数传到函数中，换句话说，调用函数时传入实际参数的数量和位置都必须和定义函数时保持一致。

1.实参和形参的数量必须一致

在调用函数时，指定的实际参数的数量，必须和形式参数的数量一致（传多传少都不行），否则Python解释器会报出TypeError异常，并提示缺少必要的位置参数。例如：

```
def girth(width, height):
    return 2 * (width + height)
#调用函数时，必须传递两个参数，否则会引发错误
print(girth(3))
```

输出结果为：

```
Traceback (most recent call last):
  File "C:\Users\program_test\Desktop\1.py", line 4, in <module>
    print(girth(3))
TypeError: girth() missing 1 required positional argument: 'height'
```

可以看到，抛出的异常类型为TypeError，具体是指girth( )函数缺少一个必要

的 height 参数。

同样,多传参数也会抛出异常:

```
def girth(width, height):
    return 2 * (width + height)
#调用函数时,必须传递 2 个参数,否则会引发错误
print(girth(3,2,4))
```

输出结果为:

```
Traceback (most recent call last):
  File "C:\Users\program_test\Desktop\1.py", line 4, in <module>
    print(girth(3,2,4))
TypeError: girth() takes 2 positional arguments but 3 were given
```

通过 TypeErroe 异常信息可以知道,girth( ) 函数本来只需要两个参数,但是却传入了 3 个参数。

2. 实参和形参的位置必须一致

在调用函数时,传入实际参数的位置必须和形式参数的位置一一对应,否则会产生以下两种结果。

- 报出 TypeError 异常

当实际参数类型和形式参数类型不一致,并且在函数中,这两种类型之间不能正常转换,此时就会报出 TypeError 异常。例如:

```
def area(height,width):
    return height * width/2
print(area("C 语言程序设计",3))
```

输出结果为:

```
Traceback (most recent call last):
  File "C:\Users\program_test\Desktop\1.py", line 3, in <module>
    print(area("C 程序设计",3))
  File "C:\Users\program_test\Desktop\1.py", line 2, in area
    return height * width/2
TypeError: unsupported operand type(s) for /: 'str' and 'int'
```

以上显示的异常信息,就是因为字符串类型和整型数值做除法运算。

- 产生的结果和预期不符

在调用函数时,如果指定的实际参数和形式参数的位置不一致,但它们的数据类型相同,那么程序将不会报出异常,但是会导致运行结果和预期不符。

例如,设计一个求梯形面积的函数,并利用此函数求上底为 4 cm、下底为3 cm、高为 5 cm 的梯形的面积。但如果交换高和下底参数的传入位置,计算结果将出现

错误。

```
def area(upper_base,lower_bottom,height):
    return (upper_base+lower_bottom) * height/2
print("正确结果为:",area(4,3,5))
print("错误结果为:",area(4,5,3))
```

输出结果为:

正确结果为:17.5

错误结果为:13.5

因此,在调用函数时,一定要确定好参数的位置,否则很有可能产生类似的错误,还不容易被发现。

5.1.8 关键字参数

关键字参数是指使用形式参数的名字来确定输入的参数值。通过此方式指定函数实参时,不再需要与形参的位置完全一致,只要将参数名写正确即可。例如:

```
# 定义一个函数
def girth(width, height):
    print("width: ", width)
    print("height: ", height)
    return 2 * (width + height)
# 传统调用函数的方式,根据位置传入参数
print(girth(3.5, 4.8))
# 根据关键字参数来传入参数
print(girth(width=3.5, height=4.8))
# 使用关键字参数时可交换位置
print(girth(height=4.8, width=3.5))
# 部分使用关键字参数,部分使用位置参数
print(girth(3.5, height=4.8))
```

上面的程序定义了一个简单的girth( )函数,该函数包含width、height两个参数,该函数与前面定义的函数并没有任何区别。

接下来在调用该函数时,既可使用传统的根据位置参数来调用(如程序中第7行代码所示),也可根据关键字参数来调用(如程序中第9行代码所示),在使用关键字参数调用时可交换参数的位置(如程序中第11行代码所示),还可混合使用位置参数和关键字参数(如程序中第13行代码所示)。

需要说明的是,如果希望在调用函数时混合使用关键字参数和位置参数,则关键字参数必须位于位置参数之后。换句话说,在关键字参数之后的只能是关键字

参数。错误的代码如下：

```
# 位置参数必须放在关键字参数之前，下面代码错误
print(girth(width=3.5, 4.8))
```

运行上面的代码，将会提示如下错误：

```
SyntaxError: positional argument follows keyword argument
```

5.1.9 默认参数

在调用函数时，如果不指定某个参数，解释器会报出异常。为了解决这个问题，Python 允许为参数设置默认值，即在定义函数时，直接给形式参数指定一个默认值，这样的话，即便调用函数时没有给拥有默认值的形参传递参数，该参数可以直接使用定义函数时设置的默认值。

定义带有默认值参数的函数，其语法格式如下：

```
def 函数名(…,形参名=默认值):
    代码块
```

注意：在使用此格式定义函数时，指定有默认值的形式参数必须放在所有没有默认值的参数之后，否则会产生语法错误。

例如，程序为 name、message 形参指定了默认值，代码如下：

```
# 为两个参数指定默认值
def say_hi(name="孙悟空", message="欢迎来到神仙世界"):
    print(name, ", 您好")
    print("消息是:", message)
# 全部使用默认参数
say_hi( )
# 只有 message 参数使用默认值
say_hi("妖怪")
# 两个参数都不使用默认值
say_hi("妖怪", "欢迎学习 Python")
# 只有 name 参数使用默认值
say_hi(message="欢迎学习 Python")
```

输出结果为：

```
孙悟空, 您好
消息是:欢迎来到神仙世界
妖怪,您好
消息是:欢迎来到神仙世界
```

妖怪,您好

消息是:欢迎学习 Python

孙悟空,您好

消息是:欢迎学习 Python

从上面的程序可以看出,如果只传入一个位置参数,由于该参数位于第一位,系统会将该参数值传给 name 参数。因此,不能按如下方式调用 say_hi( )函数:

```
say_hi("欢迎学习 Python")
```

更不能按如下方式来调用 say_hi( )函数:

```
say_hi(name="妖怪","欢迎学习 Python")
```

因为 Python 规定,关键字参数必须位于位置参数的后面。因此提示错误:positional argument follows keyword argument。

那么,能不能单纯地将上面两个参数交换位置呢?

```
say_hi("欢迎学习 Python", name="妖怪")
```

上面的调用依然是错误的,因为第一个字符串没有指定关键字参数,因此将使用位置参数为 name 参数传入参数值,第二个参数使用关键字参数的形式再次为 name 参数传入参数值,这意味着两个参数值其实都会传给 name 参数,程序为 name 参数传入了多个参数值。因此提示错误:say_hi( ) got multiple values for argument 'name'。

将函数调用改为如下两种形式是正确的:

```
say_hi("妖怪", message="欢迎学习 Python")
say_hi(name="妖怪", message="欢迎学习 Python")
```

上面第一行代码先使用位置参数为 name 参数传入参数值,再使用关键字参数为 message 参数传入参数值;第二行代码中的 name、message 参数都使用关键字参数传入参数值。

再次强调,由于 Python 要求在调用函数时关键字参数必须位于位置参数的后面,因此在定义函数时指定了默认值的参数(关键字参数)必须在没有默认值的参数之后。例如:

```
# 定义一个打印三角形的函数,有默认值的参数必须放在最后
def printTriangle(char, height=5) :
    for i in range(1, height + 1) :
        # 先打印一排空格
        for j in range(height - i) :
            print(' ', end='')
        # 再打印一排特殊字符
        for j in range(2 * i - 1) :
```

```
            print(char, end='')
        print( )
printTriangle('@', 6)
printTriangle('#', height=7)
printTriangle(char='*')
```

上面的程序定义了 printTriangle( ) 函数,其中,有默认值的 height 形参,必须放在 char 形参的后面;反之,将会造成语法错误。

注意:在 Python 中,可以使用"函数名.__defaults__"查看函数的默认值参数的当前值,其返回值是一个元组。例如,显示上面定义的 printTriangle 函数的默认值参数的当前值,可以使用 printTriangle.__defaults__,其结果为(5,)。

5.1.10 可变参数

很多编程语言都允许定义个数可变的参数,这样可以在调用函数时传入任意多个参数。Python 也不例外,在定义函数时也可以使用可变参数。

可变参数,又称不定长参数,即传入函数中的实际参数可以是任意多个。Python 中定义可变参数,主要有以下两种形式。

1.形参前添加一个"*"

此种形式的语法格式如下:

```
*args
```

其中,args:表示创建一个名为 args 的空元组,该元组可接受任意多个外界传入的非关键字实参。

下面的程序定义了一个形参个数可变的函数:

```
# 定义了支持参数收集的函数
def test(a, *books):
    print(books)
    # books 被当成元组处理
    for b in books:
        print(b)
    # 输出整数变量 a 的值
    print(a)
# 调用 test( )函数
test(5, "C 程序设计", "Python 教程")
```

运行上面的程序,将看到如下输出结果:

```
('C 程序设计', 'Python 教程')
C 程序设计
```

Python 教程

5

从上面的结果可以看出,当调用 test( )函数时,books 元组可存储任意个字符串。从 test( )的函数体代码来看,参数收集的本质就是一个元组:Python 会将传给 books 参数的多个值收集成一个元组。

Python 允许个数可变的形参可以处于形参列表的任意位置(不要求是形参列表的最后一个参数),但同时普通参数必须以关键字实参的形式传值,例如:

```
# 定义了支持参数收集的函数
def test( *books,num) :
    print(books)
    # books 被当成元组处理
    for b in books :
        print(b)
    print(num)
# 调用 test( )函数
test("C 程序设计", "Python 教程", num=20)
```

输出结果为:

```
('C 程序设计','Python 教程')
C 程序设计
Python 教程
20
```

从上面的程序可以看出,test( )函数的第一个参数就是个数可变的形参,由于该参数可接收个数不等的参数值,因此如果需要给后面的参数传入参数值,则必须使用关键字参数,否则程序会把所传入的多个值都当成是传给 books 参数的。

2.形参前添加两个"*"

此种形式的语法格式如下:

```
**kwargs
```

*kwargs 表示创建一个名为 kwargs 的空字典。该字典可以接收任意多个以关键字参数赋值的实际参数。

例如:

```
# 定义了支持参数收集的函数
def test(x, y, z=3, *books, **scores) :
    print(x, y, z)
    print(books)
    print(scores)
```

test(1,2,3,"C 程序设计","Python 教程",语文=89,数学=94)

上面的程序在调用 test( )函数时,前面的 1、2、3 将会传给普通参数 x、y、z,接下来的两个字符串将会由 books 参数收集成元组,最后的两个关键字参数将会被收集成字典。运行上面的代码,会看到如下输出结果:

```
1 2 3
('C 程序设计', 'Python 教程')
{'语文': 89, '数学': 94}
```

注意:对于以上面的方式定义的 test( )函数,参数 z 的默认值几乎不能发挥作用。例如,按如下方式调用 test( )函数:

test(1, 2,"C 程序设计","Python 教程",语文=89,数学=94)

上面的代码在调用 test( )函数时,前面的 1、2、"C 程序设计"将会传递给普通参数 x、y、z,接下来的一个字符串将会由 books 参数收集成元组,最后的两个关键字参数将会被收集成字典。运行上面的代码,会看到如下输出结果:

```
1 2  C 程序设计
('Python 教程',)
{'语文':89,'数学':94}
```

如果希望让 z 参数的默认值发挥作用,则需要只传入两个位置参数。例如:

test(1,2,语文=89,数学=94)

上面的代码在调用 test( )函数时,前面的 1、2 将会传给普通参数 x、y,此时 z 参数将使用默认的参数值 3,books 参数将是一个空元组,接下来的两个关键字参数将会被收集成字典。运行上面的代码,会看到如下输出结果:

```
1 2 3
( )
{'语文': 89, '数学': 94}
```

5.2 面向对象的方式

5.2.1 面向对象编程

面向对象编程(Object-oriented Programming,OOP)是在面向过程编程的基础上发展起来的,它比面向过程编程具有更强的灵活性和扩展性。

面向对象编程是一种封装的思想,它可以模拟真实世界里的事物(将其视为对象),并把描述特征的数据和代码块(函数)封装到一起。

打个比方,若在某游戏中设计一个乌龟的角色,应该如何来实现呢?使用面向对象的思想会更简单,可以分为如下两个方面进行描述:

从表面特征来描述，例如，绿色的、有4条腿、重10 kg、有外壳，等等。

从所具有的的行为来描述，例如，它会爬、会吃东西、会睡觉、会将头和四肢缩到壳里，等等。

如果将乌龟用代码来表示，则其表面特征可以用变量来表示，其行为特征可以通过建立各种函数来表示。参考代码如下：

```
class tortoise:
    bodyColor="绿色"
    footNum=4
    weight=10
    hasShell=True
    #会爬
    def crawl(self):
        print("乌龟会爬")
    #会吃东西
    def eat(self):
        print("乌龟吃东西")
    #会睡觉
    def sleep(self):
        print("乌龟在睡觉")
    #会缩到壳里
    def protect(self):
        print("乌龟缩进了壳里")
```

因此，从某种程序上看，相比只用变量或只用函数，使用面向对象的思想可以更好地模拟现实生活中的事物。

面向对象编程中的常用术语如下：

- 类：可以理解为一个模板，通过它可以创建出无数个具体实例。例如，前面编写的tortoise表示的只是乌龟这个物种，通过它可以创建出无数个实例来代表各种不同特征的乌龟（这一过程又称为类的实例化）。
- 对象：类并不能直接使用，通过类创建出的实例（又称对象）才能使用。这有点像汽车图纸和汽车的关系，图纸本身（类）并不能被人们使用，通过图纸创建出的一辆辆车（对象）才能使用。
- 属性：类中的所有变量称为属性。例如，tortoise这个类中，bodyColor、footNum、weight、hasShell都是这个类拥有的属性。
- 方法：类中的所有函数通常称为方法。不过，和函数不同的是，类方法至少要包含一个 self 参数。例如,在 tortoise 类中,crawl( )、eat( )、sleep( )、protect( )都是这个类所拥有的方法,类方法无法单独使用,只能和类的对象一起使用。

5.2.2 class:定义类

Python 中使用类的顺序是:先创建(定义)类,然后再创建类的实例对象,通过实例对象实现特定的功能。在 Python 中,创建一个类使用 class 关键字实现,其基本语法格式如下:

```
class 类名:
    零个到多个类属性...
    零个到多个类方法...
```

注意:类中属性和方法放置的前后顺序对使用没有任何影响,且各成员之间可以相互调用。

类名只要是一个合法的标识符即可,但这仅仅满足的是 Python 的语法要求。如果从程序的可读性方面来看,Python 的类名必须是由一个或多个有意义的单词连缀而成的,每个单词首字母大写,其他字母全部小写,单词与单词之间不要使用任何分隔符,例如,类名为"TheFirstDemo"。

从上面的定义来看,Python 的类定义有点像函数定义,都是以冒号(:)作为类体的开始,以统一缩进的部分作为类体。它们之间的区别只是函数定义使用 def 关键字,而类定义使用 class 关键字。

Python 的类定义由类头(指 class 关键字和类名部分)和统一缩进的类体构成,在类体中最主要的两个成员就是属性和方法。如果不为类定义任何属性和方法,那么这个类就相当于一个空类,如果空类不需要其他可执行语句,则可使用 pass 语句作为占位符。例如,如下类定义是允许的:

```
class Empty:
    pass
```

通常来说,空类没有太大的实际意义。

下面的程序将定义一个 Person 类:

```
class Person :
    '''这是一个学习 Python 定义的一个 Person 类'''
    # 下面定义了一个类属性
    hair=' black '
    # 下面定义了一个 say 方法
    def say(self, content):
        print(content)
```

与函数类似的是,Python 也允许为类定义说明文档,该文档同样被放在类声明之后、类体之前，如上面程序中第二行的字符串。

5.2.3 __init__()类构造方法

在创建类时，可以手动添加一个__init__()方法，该方法是一个特殊的类实例方法，称为构造方法（或构造函数）。

构造方法在创建对象时使用，每当创建一个类的实例对象时，Python 解释器都会自动调用它。在 Python 类中，手动添加构造方法的语法格式如下：

```
def __init__(self,...):
    代码块
```

注意：在方法名中，开头和结尾各有两根下画线，且中间不能有空格。Python 中有很多这种以双下画线开头、双下画线结尾的方法，它们都具有特殊的意义。

__init__()方法可以包含多个参数，但必须包含一个名为 self 的参数，且其必须作为第一个参数。也就是说，类的构造方法最少也要有一个 self 参数。

例如，仍以 Person 类为例，添加构造方法的代码如下：

```
class Person :
    '''这是一个学习 Python 定义的一个 Person 类'''
    def __init__(self):
        print("调用构造方法")
```

注意：如果开发者没有为该类定义任何构造方法，那么 Python 会自动为该类创建一个只包含 self 参数的默认的构造方法。

在以上代码的基础上，添加如下代码：

```
zhangsan=Person()
```

这行代码的含义是创建一个名为 zhangsan 的 Person 类对象。运行代码可看到如下输出结果：

```
调用构造方法
```

显然，在创建 zhangsan 这个对象时，也是调用了类的构造方法。

不仅如此，在__init__()构造方法中，除了 self 参数外，还可以自定义一些参数，参数之间使用逗号（,）进行分割。例如，下面的代码在创建__init__()方法时，额外指定了两个参数，分别是 name 和 age：

```
class Person :
    '''这是一个学习 Python 定义的一个 Person 类'''
    def __init__(self,name,age):
        print("这个人的名字是:",name," 年龄为:",age)
#创建 zhangsan 对象，并传递参数给构造函数
zhangsan=Person("张三",20)
```

注意:由于创建对象时会调用类的构造方法,如果构造函数有多个参数时,需要手动传递参数,传递方式如代码中所示。

运行以上的代码,输出结果为:

这个人的名字是:张三　年龄为:20

可以看到,虽然构造方法中有 self、name、age 3 个参数,但实际需要传参的仅有 name 和 age,也就是说,self 不需要手动传递参数。

5.2.4　类对象的创建

使用 class 语句只能创建一个类,而无法创建类的对象,因此要想使用已创建好的类,还需要手动创建类的对象,创建类对象的过程又称为类的实例化。

对已创建的类进行实例化,其语法格式如下:

类名(参数)

当创建类时,若没有显式创建__ init( )__的构造方法或者该构造方法中只有一个 self 参数,则创建类对象时的参数可以省略不写。

例如,如下代码创建了名为 Python 的类,并对其进行了实例化。

```
class Person :
    '''这是一个学习 Python 定义的一个 Person 类'''
    # 下面定义了两个类变量
    name = "zhangsan"
    age = "20"
    def __ init __(self,name,age):
        #下面定义了两个实例变量
        self.name = name
        self.age = age
        print("这个人的名字是:",name," 年龄为:",age)
    # 下面定义了一个 say 实例方法
    def say(self, content):
        print(content)
# 将该 Person 对象赋给 p 变量
p = Person("张三",20)
```

在上面的程序中,由于构造方法除 self 参数外,还包含两个参数,且这两个参数没有设置默认参数,因此在实例化类对象时,需要传入相应的 name 值和 age 值(self 参数是特殊参数,不需要手动传值,Python 会自动传给它值)。

5.2.5 类对象操作变量

1.类对象访问变量或方法

使用已创建好的类对象访问类中实例变量的语法格式如下：

对象名.变量名

使用类对象调用类中方法的语法格式如下：

对象名.方法名(参数)

注意：对象名和变量名以及方法名之间用点(.)连接。

下面的代码通过 Person 对象来调用 Person 的实例变量和方法。

```
#输出 p 的 name、age 实例变量
print(p.name,p.age)
# 访问 p 的 name 实例变量,直接为该实例变量赋值
p.name='李刚'
# 调用 p 的 say( )方法,声明 say( )方法时定义了两个形参,但第一个形参(self)不需要传值,因此调用该方法只需为第二个形参指定一个值
p.say('Python 语言很简单,学习很容易！')
# 再次输出 p 的 name、age 实例变量
print(p.name,p.age)
```

输出结果为：

```
这个人的名字是:张三　年龄为:20
张三 20
Python 语言很简单,学习很容易!
李刚 20
```

2.给类对象动态添加变量

Python 支持为已创建好的对象动态增加实例变量,方法也很简单,只要为它的新变量赋值即可。例如：

```
# 为 p 对象增加一个 skills 实例变量
p.skills=['programming', 'swimming']
print(p.skills)
```

输出结果为：

```
['programming','swimming']
```

上面的程序为 p 对象动态增加了一个 skills 实例变量,即只要对 p 对象的 skills 实例变量赋值就是新增一个实例变量。也可以动态删除实例变量,使用 del 语句即可完成,代码如下：

```
# 删除 p 对象的 name 实例变量
```

```
del p.name
# 再次访问 p 的 name 实例变量
print(p.name)
```

程序中调用 del 删除了 p 对象的 name 实例变量,但由于类中还有同名的 name 类变量,因此程序不会报错;否则会导致 AttributeError 错误,并提示:'Person' object has no attribute 'name'。

3.给类对象动态添加方法

Python 也允许为对象动态增加方法。例如,上面的程序在定义 Person 类时只定义了一个 say( )方法,但程序完全可以为 p 对象动态增加方法。

但需要说明的是,为 p 对象动态增加的方法,Python 不会自动将调用者绑定到第一个参数(即使将第一个参数命名为 self 也没用)。例如:

```
# 先定义一个函数
def info(self):
    print("---info 函数---", self)
# 使用 info 对 p 的 foo 方法赋值(动态绑定方法)
p.foo=info
# Python 不会自动将调用者绑定到第一个参数,
# 因此程序需要手动将调用者绑定为第一个参数
p.foo(p)   # ①
# 使用 lambda 表达式为 p 对象的 bar 方法赋值(动态绑定方法)
p.bar=lambda self: print('--lambda 表达式--', self)
p.bar(p) #②
```

上面的第 5 行和第 11 行代码分别使用函数、lambda 表达式为 p 对象动态增加了方法,程序还必须手动为第一个参数传入参数值,如上面程序中①号、②号处的代码。

如果希望动态增加的方法也能自动绑定到第一个参数,则可借助 types 模块下的 MethodType 进行包装。例如:

```
def intro_func(self, content):
    print("我是一个人,信息为:%s" % content)
# 导入 MethodType
from types import MethodType
# 使用 MethodType 对 intro_func 进行包装,将该函数的第一个参数绑定为 p
p.intro=MethodType(intro_func, p)
# 第一个参数已经绑定了,无须传入
p.intro("生活在别处")
```

从上面的代码可以看出，通过 MethodType 包装 intr_func 函数之后（包装时指定了将该函数的第一个参数绑定为 p），为 p 对象动态增加的 intro( )方法的第一个参数已经绑定，因此程序通过 p 调用 intro( )方法时无须传入第一个参数，就像定义类时已经定义了 intro( )方法一样。

5.2.6 self 的用法

在定义类的过程中，无论是显式创建类的构造方法，还是向类中添加实例方法，都要求将 self 参数作为方法的第一个参数。例如，定义如下 Dog 类：

```
class Dog:
    def __init__(self):
        print("正在执行构造方法")
    # 定义一个 jump( )实例方法
    def jump(self):
        print("正在执行 jump 方法")
```

Python 要求类方法（构造方法和实例方法）中至少要包含一个参数，但并没有规定此参数的名称，之所以将类方法的第一个参数命名为 self，只是 Python 程序员约定俗成的一种习惯，这会使程序具有更好的可读性。

那么，作为类方法的第一个参数，self 参数的具体作用是什么呢？

打个比方，如果把类比作造房子的图纸，那么对类实例化后的对象才是真正可以住的房子，根据一张图纸，我们可以设计出成千上万的房子，虽然每个房子长相相似，但它们都有各自的主人。而类方法的 self 参数，就相当于每个房子的门钥匙，它可以保证，每个房子的主人仅能进入自己的房子。

注意：如果接触过其他面向对象的编程语言（如 C++），其实 Python 类方法中的 self 参数就相当于 C++中的 this 指针。

也就是说，同一个类可以产生多个对象，当某个对象调用类方法时，该对象会把自身的引用作为第一个参数自动传给该方法，换句话说，Python 会自动绑定类方法的第一个参数指向调用该方法的对象。如此，Python 解释器就能知道到底要操作哪个对象的方法。

注意：对于构造方法来说，self 参数（第一个参数）代表该构造方法正在初始化的对象。

因此，程序在调用实例方法和构造方法时，不需要为第一个参数传值。例如，更改前面的 Dog 类，代码如下：

```
class Dog:
    def __init__(self):
        print(self,"在调用构造方法")
```

```
    # 定义一个 jump( )方法
    def jump(self):
        print(self,"正在执行 jump 方法")
    # 定义一个 run( )方法,run( )方法需要借助 jump( )方法
    def run(self):
        print(self,"正在执行 run 方法")
        # 使用 self 参数引用调用 run( )方法的对象
        self.jump( )
dog1=Dog( )
dog1.run( )
dog2=Dog( )
dog2.run( )
```

在上面的代码中,jump( )和 run( )中的 self 代表该方法的调用者,即谁在调用该方法,那么 self 就代表谁。因此,该程序的输出结果为:

```
<__main__.Dog object at 0x00000276B14B12B0>在调用构造方法
<__main__.Dog object at 0x00000276B14B12B0>正在执行 run 方法
<__main__.Dog object at 0x00000276B14B12B0>正在执行 jump 方法
<__main__.Dog object at 0x00000276B14B1F28>在调用构造方法
<__main__.Dog object at 0x00000276B14B1F28>正在执行 run 方法
<__main__.Dog object at 0x00000276B14B1F28>正在执行 jump 方法
```

上面程序中值得一提的是,当一个 Dog 对象调用 run( )方法时,run( )方法需要依赖该对象自己的 jump( )方法。在现实世界里,对象的一个方法依赖另一个方法的情形很常见,例如,吃饭方法依赖拿筷子方法,写程序方法依赖敲键盘方法,这种依赖都是同一个对象的两个方法之间的依赖。

注意:当 Python 对象的一个方法调用另一个方法时,不可以省略 self。也就是说,将上面的 run( )方法改为如下形式是不正确的。

```
# 定义一个 run( )方法,run( )方法需要借助 jump( )方法
def run( ):
    #省略 self,代码会报错
    self.jump( )
    print("正在执行 run 方法")
```

再比如,分析如下代码:

```
class InConstructor :
    def __init__(self) :
        # 在构造方法里定义一个 foo 变量(局部变量)
```

```
        foo=0
        # 使用self代表该构造方法正在初始化的对象
        # 下面的代码将会把该构造方法正在初始化的对象的foo实例变量设为6
        self.foo=6
# 所有使用InConstructor创建的对象的foo实例变量将被设为6
print(InConstructor().foo) # 输出6
```

在InConstructor的构造方法中,self参数总是引用该构造方法正在初始化的对象。程序中将正在执行初始化的InConstructor对象的foo实例变量设为6,这意味着该构造方法返回的所有对象的foo实例变量都等于6。

需要说明的是,自动绑定的self参数并不依赖具体的调用方式,不管是以方法调用还是以函数调用的方式执行它,self参数一样可以自动绑定。例如:

```
class User:
    def test(self):
        print('self参数:', self)
u=User()
# 以方法形式调用test()方法
u.test() # <__main__.User object at 0x00000000021F8240>
# 将User对象的test方法赋值给foo变量
foo=u.test
# 通过foo变量(函数形式)调用test()方法。
foo() # <__main__.User object at 0x00000000021F8240>
```

在上面的程序中,第6行代码以方法形式调用User对象的test()方法,此时方法调用者当然会自动绑定到方法的第一个参数(self参数);程序中第10行代码以函数形式调用User对象的test()方法,看上去没有调用者,但程序依然会把实际调用者绑定到方法的第一个参数,因此输出结果完全相同。

当self参数作为对象的默认引用时,程序可以像访问普通变量一样来访问这个self参数,甚至可以把self参数当成实例方法的返回值。例如:

```
class ReturnSelf :
    def grow(self):
        if hasattr(self, 'age'):
            self.age += 1
        else :
            self.age=1
        # return self返回调用该方法的对象
```

```
        return self
rs=ReturnSelf( )
# 可以连续调用同一个方法
rs.grow( ).grow( ).grow( )
print("rs 的 age 属性值是:", rs.age)
```

从上面的程序可以看出,如果在某个方法中把 self 参数作为返回值,则可以多次连续调用同一个方法,从而使得代码更加简洁。但是这种把 self 参数作为返回值的方法可能会造成实际意义的模糊,如上面程序中的 grow 方法用于表示对象的生长,即 age 属性的值加 1,实际上不应该有返回值。

5.2.7 类变量和实例变量

在类中定义的属性或方法,在类的外部,都无法直接调用它们,因此,完全可以把类看作是一个独立的作用域(称为类命名空间),则类属性其实就是定义在类命名空间内的变量(类方法其实就是定义的类命名空间中的函数)。

根据定义属性的位置不同,类属性又可细分为类属性(后续用类变量表示)和实例属性(后续用实例变量表示)。

1.类变量

类变量指的是定义在类中,但在各个类方法外的变量。类变量的特点是:所有类的实例化对象都可以共享类变量的值,即类变量可以在所有实例化对象中作为公用资源。

注意:类变量推荐直接用类名访问,但也可以使用对象名访问。

例如,下面的代码定义了一个 Address 类,并为该类定义了多个类变量。

```
class Address :
    detail='广州'
    post_code=' 510660 '
    def info (self):
        # 尝试直接访问类变量
        #print(detail) # 报错
        # 通过类来访问类变量
        print(Address.detail) # 输出  广州
        print(Address.post_code) # 输出 510660
#创建两个类对象
addr1=Address( )
addr1.info( )
addr2=Address( )
```

```
addr2.info( )
# 修改 Address 类的类变量
Address.detail='佛山'
Address.post_code='460110'
addr1.info( )
addr2.info( )
```

在上面的程序中,第2、3行代码为Address定义了两个类变量。当程序中第一次调用Address对象的info( )方法输出两个类变量时,将会输出这两个类变量的初始值。接下来程序通过Address类修改了两个类变量的值,因此当程序第二次通过info( )方法输出两个类变量时,将会输出这两个类变量修改之后的值。

运行上面的代码,将会看到如下输出结果:

```
广州
510660
广州
510660
佛山
460110
佛山
460110
```

通过结果可以看到,addr1和addr2共享类变量,换句话说,改变类变量的值会作用于该类所有的实例化对象。

当然,Python也支持使用对象来访问该对象所属类的类变量(此方式不推荐使用)。例如:

```
class Record:
    # 定义两个类变量
    item='鼠标'
    date='2016-06-16'
    def info (self):
        print('info 方法中:', self.item)
        print('info 方法中:', self.date)
rc=Record( )
print(rc.item) #'鼠标'
print(rc.date) #'2016-06-16'
rc.info( )
```

上面程序的Record中定义了两个类变量,接下来程序完全可以使用Record

对象来访问这两个类变量。

从上面的程序可以看到,在 Record 类的 info( ) 方法中,程序使用 self 访问 Record 类的类变量,此时 self 代表 info( ) 方法的调用者,也就是 Record 对象,因此这是合法的;在主程序代码区,程序创建了 Record 对象,并通过对象调用 Record 对象的 item、date 类变量,这也是合法的。

在 Python 中,除了可以通过类名访问类属性之外,还可以动态地为类和对象添加类变量。例如,在上面代码的基础上,添加以下代码:

```
Address.depict ="佛山很美"
print(addr1.depict)
print(addr2.depict)
```

输出结果为:

```
佛山很美
佛山很美
```

2.实例变量

实例变量指的是定义在类的方法中的属性,它只作用于调用方法的对象。

注意:实例变量只能通过对象名访问,无法通过类名直接访问。

Python 允许通过对象访问类变量,但无法通过对象修改类变量的值。因为,通过对象修改类变量的值,不是在给“类变量赋值”,而是定义新的实例变量。例如:

```
class Inventory:
    # 定义两个类变量
    item='鼠标'
    quantity=2000
    # 定义实例方法
    def change(self, item, quantity):
        # 下面的赋值语句不是对类变量赋值,而是定义新的实例变量
        self.item=item
        self.quantity=quantity
# 创建 Inventory 对象
iv=Inventory( )
iv.change('显示器', 500)
# 访问 iv 的 item 和 quantity 实例变量
print(iv.item) # 显示器
print(iv.quantity) # 500
# 访问 Inventory 的 item 和 quantity 类变量
print(Inventory.item) # 鼠标
```

```
print(Inventory.quantity) # 2000
```

在上面的程序中,第 8、9 行代码通过实例对 item、quantity 变量赋值,看上去很像是对类变量赋值,但并不是,它们的作用是重新定义了两个实例变量。

上面的程序在调用 Inventory 对象的 change( )方法之后,访问 Inventory 对象的 item、quantity 变量,由于该对象本身已有这两个实例变量,因此程序将会输出该对象的实例变量的值,接下来程序通过 Inventory 访问它的 item、quantity 两个类变量,此时才是真的访问类变量。

运行上面的程序,将看到如下输出结果:

```
显示器
500
鼠标
2000
```

即便程序通过类修改了两个类变量的值,程序中 Inventory 的实例变量的值也不会受到任何影响。例如:

```
Inventory.item='类变量 item'
Inventory.quantity='类变量 quantity'
# 访问 iv 的 item 和 quantity 实例变量
print(iv.item)
print(iv.quantity)
```

运行上面的代码,可以看到如下输出结果:

```
显示器
500
```

上面的程序开始就修改了 Inventory 类中两个类变量的值,但这种修改对 Inventory对象的实例变量没有任何影响。

同样,如果程序对一个对象的实例变量进行了修改,这种修改也不会影响类变量的值,更不会影响其他对象中实例变量的值。例如:

```
iv2=Inventory( )
iv2.change('键盘',300)
iv.item=' iv 实例变量 item'
iv.quantity=' iv 实例变量 quantity'
print(Inventory.item)
print(Inventory.quantity)
print(iv.item)
print(iv.quantity)
```

运行上面的代码,将会看到如下输出结果:

```
类变量 item
类变量 quantity
iv 实例变量 item
iv 实例变量 quantity
键盘
300
```

从结果很容易看出，修改一个对象的实例变量，既不会影响类变量的值，也不会影响其他对象的实例变量。

和动态为类添加类变量不同，Python 只支持为特定的对象添加实例变量。例如，在之前代码的基础上，为 iv 对象添加 color 实例变量，代码如下：

```
iv.color="red"
print(iv.color)
#因为 color 实例变量仅 iv 对象有，iv2 对象并没有，因此下面这行代码会报错
#print(iv2.color)
```

5.2.8 实例方法、静态方法和类方法

和类属性可细分为类属性和实例属性一样，类中的方法也可以有更细致的划分，具体可分为实例方法、静态方法和类方法。

1.实例方法

通常情况下，在类中定义的方法默认都是实例方法。类的构造方法理论上也属于实例方法，只不过它比较特殊。例如：

```
class Person :
    #类构造方法，也属于实例方法
    def __init__(self, name='Charlie', age=8):
        self.name=name
        self.age=age
    # 下面定义了一个 say 实例方法
    def say(self, content):
        print(content)
```

实例方法最大的特点就是，它最少也要包含一个 self 参数，用于绑定调用此方法的实例对象。实例方法通常会用类对象直接调用，当然也可以用类名调用，例如：

```
#创建一个类对象
person=Person( )
#类对象调用实例方法
```

```
person.say("类对象调用实例方法")
#类名调用实例方法,需手动给 self 参数传值
Person.say(person,"类名调用实例方法")
```

输出结果:

```
类对象调用实例方法
类名调用实例方法
```

2.类方法

类方法和实例方法相似,它最少也要包含一个参数,只不过,类方法中通常将其命名为 cls,且 Python 会自动将类本身绑定给 cls 参数(而不是类对象)。因此,在调用类方法时,无须显式为 cls 参数传参。

除此之外,和实例方法最大的不同在于,类方法需要使用@ classmethod 进行修饰。例如:

```
class Bird:
    # classmethod 修饰的方法是类方法
    @ classmethod
    def fly (cls):
        print('类方法 fly:', cls)
```

注意:如果没有@ classmethod,则 Python 解释器会将 fly( )方法认定为实例方法,而不是类方法。

类方法推荐使用类名直接调用,当然也可以使用实例对象来调用(不推荐)。例如:

```
# 调用类方法,Bird 类会自动绑定到第一个参数
Bird.fly( )   #①
b=Bird( )
# 使用对象调用 fly( )类方法,其实依然还是使用类调用,
# 因此第一个参数依然被自动绑定到 Bird 类
b.fly( )   #②
```

输出结果为:

```
类方法 fly:  <class '__main__.Bird'>
类方法 fly:  <class '__main__.Bird'>
```

可以看到,不管程序是使用类还是使用对象调用类方法,Python 都会将类方法的第一个参数绑定到类本身。

3.静态方法

静态方法,其实就是函数,和函数唯一的区别是,静态方法定义在类这个空间(类命名空间)中,而函数则定义在程序所在的空间(全局命名空间)中。

静态方法没有类似 self、cls 这样的特殊参数,因此 Python 解释器不会对它包含的参数做任何类或对象的绑定,也正是因为如此,此方法中无法调用任何类和对象的属性和方法,静态方法其实和类的关系不大。

静态方法需要使用@ staticmethod 修饰,例如:

```
class Bird:
    # staticmethod 修饰的方法是静态方法
    @ staticmethod
    def info (p):
        print('静态方法 info:', p)
```

静态方法的调用,既可以使用类名,也可以使用类对象,例如:

```
#类名直接调用静态方法
Bird.info("类名")
#类对象调用静态方法
b=Bird( )
b.info("类对象")
```

输出结果为:

```
静态方法 info:  类名
静态方法 info:  类对象
```

在使用 Python 编程时,一般不需要使用类方法或静态方法,程序完全可以使用函数来代替类方法或静态方法。但是在特殊的场景(比如使用工厂模式)下,类方法或静态方法也是不错的选择。

4.类调用实例方法

Python 的类在很大程度上可看作是一个独立的空间,当程序在类体中定义变量、方法时,与前面介绍的定义变量、定义函数其实并没有太大的不同。对比如下代码:

```
# 定义全局空间的 foo 函数
def foo ( ):
    print("全局空间的 foo 方法")
# 全局空间的 bar 变量
bar=20
class Bird:
    # 定义 Bird 空间的 foo 函数
    def foo( ):
        print("Bird 空间的 foo 方法")
    # 定义 Bird 空间的 bar 变量
```

```
    bar=200
# 调用全局空间的函数和变量
foo( )
print(bar)
# 调用 Bird 空间的函数和变量
Bird.foo( )
print(Bird.bar)
```

上面的代码在全局空间和 Bird 类(Bird 空间)中分别定义了 foo( )函数和 bar 变量,从定义它们的代码来看,几乎没有任何区别,只是在 Bird 类中定义它们时需要缩进。

接下来程序在调用 Bird 空间内的 bar 变量和 foo( )函数时,只要添加 Bird.前缀即可,这说明完全可以通过 Bird 类来调用 foo( )函数。这就是类调用实例方法的证明。

如果使用类调用实例方法,那么该方法的第一个参数(self)怎么自动绑定呢?

```
class User:
    def walk (self):
        print(self, '正在慢慢地走')
# 通过类调用实例方法
User.walk( )
```

运行上面的代码,程序会报出如下错误:

TypeError: walk( ) missing 1 required positional argument: 'self'

请看程序最后一行代码,调用 walk( )方法缺少传入的 self 参数,所以导致程序出错。这说明在使用类调用实例方法时,Python 不会自动为第一个参数绑定调用者。实际上也没法自动绑定,因此实例方法的调用者是类本身,而不是对象。

如果程序依然希望使用类来调用实例方法,则必须手动为方法的第一个参数传入参数值。例如,将上面的最后一行代码改为如下形式:

```
u=User( )
# 显式为方法的第一个参数绑定参数值
User.walk(u)
```

此代码显式地为 walk( )方法的第一个参数绑定了参数值,这样的调用效果完全等同于执行 u.walk( )。

实际上,当通过 User 类调用 walk( )实例方法时,Python 只要求手动为第一个参数绑定参数值,并不要求必须绑定 User 对象,因此也可使用如下代码进行调用:

```
# 显式为方法的第一个参数绑定 fkit 字符串参数值
User.walk('fkit')
```

如果按上面的方式进行绑定，那么' fkit '字符串就会被传给 walk( )方法的第一个参数 self。因此，运行上面的代码，将会看到如下输出结果：

fkit 正在慢慢地走

用类的实例对象访问的类成员方法称为绑定方法；用类名调用的类成员方法称为非绑定方法。

5.2.9 封装机制及实现方法

封装是面向对象的三大特征之一(另外两个是继承和多态)，它指的是将对象的状态信息隐藏在对象内部，不允许外部程序直接访问对象内部的信息，而是通过该类所提供的方法来实现对内部信息的操作和访问。

就好比使用计算机，用户只需要使用计算机提供的键盘，就可以达到操作计算机的目的，至于在敲击键盘时计算机内部是如何工作，用户根本不需要知道。

封装机制保证了类内部数据结构的完整性，因为使用类的用户无法直接看到类中的数据结构，只能使用类允许公开的数据，这样很好地避免了外部对内部数据的影响，提高了程序的可维护性。总的来说，对一个类或对象实现良好的封装，可以达到以下目的：

①隐藏类的实现细节。

②让使用者只能通过事先预定的方法来访问数据，从而可以在该方法里加入控制逻辑，限制对属性的不合理访问。

③可进行数据检查，从而有利于保证对象信息的完整性。

④便于修改，提高代码的可维护性。

为了实现良好的封装，需要从以下两个方面来考虑：

①将对象的属性和实现细节隐藏起来，不允许外部直接访问。

②把方法暴露出来，让方法来控制对这些属性进行安全的访问和操作。

因此，封装实际上有两个方面的含义：把该隐藏的隐藏起来，把该暴露的暴露出来。

Python 并没有提供类似于其他语言的 private 等修饰符，因此 Python 并不能真正支持隐藏。为了隐藏类中的成员，只要将 Python 类的成员命名为以双下画线开头的形式，Python 就会把它们隐藏起来。

例如，如下程序示范了 Python 的封装机制。

```
class User :
    def __hide(self):
        print('示范隐藏的 hide 方法')
    def getname(self):
        return self.__name
```

```
    def setname(self, name):
        if len(name) < 3 or len(name) > 8:
            raise ValueError('用户名长度必须在 3 到 8 之间')
        self.__name=name
    name=property(getname, setname)
    def setage(self, age):
        if age < 18 or age > 70:
            raise ValueError('用户名年龄必须在 18 到 70 之间')
        self.__age=age
    def getage(self):
        return self.__age
    age=property(getage, setage)
# 创建 User 对象
u=User()
# 对 name 属性赋值,实际上调用 setname()方法
u.name='fk' # 引发 ValueError: 用户名长度必须在 3 到 8 之间
```

上面的程序将 User 的两个实例变量分别命名为__name 和__age,这两个实例变量就会被隐藏起来,这样程序就无法直接访问__name、__age 变量,只能通过 setname()、getname()、setage()、getage()这些方法进行访问,而 setname()、setage()会对用户设置的 name、age 进行控制,只有符合条件的 name、age 才允许设置。

上面的程序尝试将 User 对象的 name 设为 fk,这个字符串的长度为“2”,不符合实际要求,因此运行程序最后一行会报出如下错误:

```
ValueError:用户名长度必须在 3 到 8 之间
```

将最后一行代码注释掉,并在程序尾部添加如下代码:

```
u.name='fkit'
u.age=25
print(u.name) # fkit
print(u.age) # 25
```

此时程序对 name、age 所赋的值都符合要求,因此上面两行赋值语句完全可以正常运行。运行上面的代码,可以看到如下输出结果:

```
fkit
25
```

从该程序可以看出封装的好处,程序可以将 User 对象的实现细节隐藏起来,程序只能通过暴露出来的 setname()、setage()方法来改变 User 对象的状态,而这

两个方法可以添加自己的逻辑控制，这种控制对 User 的修改始终是安全的。

上面的程序还定义了一个__hide( )方法，这个方法默认是隐藏的。如果程序尝试执行如下代码：

```
# 尝试调用隐藏的__hide( )方法
u.__hide( )
```

将会提示如下错误：

```
AttributeError:'User' object has no attribute 'hide'
```

最后需要说明的是，Python 其实没有真正的隐藏机制，Python 会“偷偷”地改变以双下画线开头的方法名，会在这些方法名前添加单下画线和类名。因此上面的__hide( )方法其实可以按如下方式调用（通常并不推荐）：

```
# 调用隐藏的__hide( )方法
u._User__hide( )
```

运行上面的代码，可以看到如下输出结果：

```
示范隐藏的 hide 方法
```

程序也可通过为隐藏的实例变量添加下画线和类名的方式来访问或修改对象的实例变量。例如：

```
# 对隐藏的__name 属性赋值
u._User__name='fk'
# 访问 User 对象的 name 属性(实际上访问__name 实例变量)
print(u.name)
```

上面第 2 行代码实际上就是对 User 对象的 name 实例变量进行赋值，通过这种方式可“绕开”setname( )方法的检查逻辑，直接对 User 对象的 name 属性赋值。运行这两行代码，可以看到如下输出结果：

```
fk
```

5.2.10 继承机制及其使用

继承是面向对象的三大特征之一，也是实现代码复用的重要手段。继承经常用于创建和现有类功能类似的新类，又或是新类只需要在现有类基础上添加一些成员（属性和方法），但又不想直接将现有类代码复制给新类。

例如，有一个 Shape 类，该类的 draw( )方法可以在屏幕上画出指定的形状，现在需要创建一个 Rectangle 类，要求此类不但可以在屏幕上画出指定的形状，还可以计算出所画形状的面积。要创建这样的 Rectangle 类，除了将 draw( )方法直接复制到新类中，并添加计算面积的方法，其实还有更简单的方法，即让 Rectangle 类继承 Shape 类，这样当 Rectangle 类对象调用 draw( )方法时，Python 解释器会自动去 Shape 类中调用该方法，如此，只需在 Rectangle 类中添加计算面积的方法即可。

在 Python 中,实现继承的类称为子类,被继承的类称为父类(也可称为基类、超类)。子类继承父类的语法是:在定义子类时,将多个父类放在子类之后的圆括号里。语法格式如下:

```
class 类名(父类 1,父类 2,…):
    #类定义部分
```

注意: Python 的继承是多继承机制,即一个子类可以同时拥有多个直接父类。

从上面的语法格式来看,定义子类的语法非常简单,只需在原来的类定义后增加圆括号,并在圆括号中添加多个父类,即可表明该子类继承了这些父类。如果在定义一个 Python 类时,并未显式指定这个类的直接父类,则这个类默认继承 object 类。

注意: object 类是所有类的父类,要么是直接父类,要么是间接父类。

父类和子类的关系,就好像水果和苹果的关系,苹果是一种特殊的水果,苹果是水果的子类,水果是苹果的父类,因此可以说,苹果继承了水果。不仅如此,由于子类是一种特殊的父类,父类包含的范围总比子类包含的范围要大,所以可以认为父类是大类,而子类是小类。

从实际意义上看,子类是对父类的扩展,子类是一种特殊的父类。从这个意义上看,使用继承来描述子类和父类的关系是错误的,用扩展更恰当。因此,这样的说法更加准确:苹果扩展了水果这个类。

下面的程序示范了子类继承父类的特点:

```
class Fruit:
    def info(self):
        print("我是一个水果! 重%g 克" % self.weight)
class Food:
    def taste(self):
        print("不同食物的口感不同")
# 定义 Apple 类,继承了 Fruit 和 Food 类
class Apple(Fruit, Food):
    pass
# 创建 Apple 对象
a=Apple()
a.weight=5.6
# 调用 Apple 对象的 info()方法
a.info()
# 调用 Apple 对象的 taste()方法
a.taste()
```

输出结果为:

我是一个水果! 重 5.6 克

不同食物的口感不同

在上面的程序中,定义了两个父类:Fruit 类和 Food 类,接下来定义了一个 Apple 类,该类本身是空类,但其继承自 Food 类和 Fruit 类。因此,在主程序部分创建了 Apple 对象之后,可以访问 Apple 对象的 info( )和 taste( )方法,这表明 Apple 对象也具有了 info( )和 taste( )方法,这就是继承的作用,即子类扩展(继承)了父类,将可以继承得到父类定义的方法,这样子类就可复用父类的方法了。

5.2.11 Python 的多继承

大部分面向对象的编程语言(除了 C++)都只支持单继承,而不支持多继承,这是由于多继承不仅增加了编程的复杂度,而且很容易导致一些莫名的错误。

注意: Python 虽然在语法上明确支持多继承,但通常推荐如非必要,尽量不要使用多继承,而是使用单继承,这样可以保证编程思路更清晰,可以避免很多麻烦。

当一个子类有多个直接父类时,该子类会继承得到所有父类的方法,这一点在前面示例中已经做了示范。现在的问题是,如果多个父类中包含了同名的方法,此时会发生什么呢? 此时排在前面的父类中的方法会“遮蔽”排在后面的父类中的同名方法。例如:

```
class Item:
    def info (self):
        print("Item 中方法:", '这是一个商品')
class Product:
    def info (self):
        print("Product 中方法:", '这是一个工业产品')
class Mouse(Item, Product): # ①
    pass
m=Mouse( )
m.info( )
```

上面①号代码让 Mouse 继承了 Item 类和 Product 类,由于 Item 排在前面,因此 Item 中定义的方法优先级更高,Python 会优先到 Item 父类中搜寻方法,一旦在 Item 父类中搜寻到目标方法,Python 就不会继续向下搜寻了。

运行上面的程序,将看到如下输出结果:

Item 中方法:这是一个商品

如果将程序中第 7 行代码改为如下形式:

```
class Mouse(Product,Itern): #①
```

此时 Product 父类的优先级高于 Item 父类，因此 Product 中的 info( )方法将会起作用。运行上面的程序，将会看到如下输出结果：

Product 中方法：这是一个工业产品

【课后习题】

编程题

(1)编写函数，判断一个整数是否为素数，并编写主程序调用该函数。

(2)编写函数，接收一个字符串，分别统计大写字母、小写字母、数字、其他字符的个数，并以元组的形式返回结果。

(3)编写函数，可以接收任意多个整数并输出其中的最大值和所有整数之和。

(4)定义一个学生类。

类属性：

①姓名

②年龄

③成绩(语文，数学，英语)[每课成绩的类型为整数]

类方法：

①获取学生的姓名：get_name( )返回类型：str

②获取学生的年龄：get_age( )返回类型：int

③返回 3 门科目中最高的分数：get_course( )返回类型：int

写好类以后，可以定义两个同学进行测试：

zm = Student('张明',20,[69,88,100])

Xq = Student('肖强',21,[66,87,90])